Die Grundwasser

mit besonderer Berücksichtigung
der Grundwasser Schwedens

Von

J. Gust. Richert

Dr. Phil. h. c.

vorm. Professor an der Kgl. Technischen Hochschule zu Stockholm
Konsultierender Ingenieur

Mit 69 Figuren und 11 Tafeln

München und Berlin
Druck und Verlag von R. Oldenbourg
1911

Vorwort.

In diesem Aufsatz habe ich versucht, das Ergebnis mehrjähriger Arbeiten auf dem hydrologischen Gebiete zusammenzufassen. Der Inhalt ist zum Teil in verschiedenen Aufsätzen, wie z. B. »Om grundvattnets förekomst och användning« (Über Vorkommen und Verwendung des Grundwassers), »Über künstliche Grundwassergewinnung«, »Künstliche Infiltrationsbassins«, »Die fortschreitende Senkung des Grundwasserspiegels« u. a. m., bereits veröffentlicht worden. Geologische Daten habe ich aus De Geers »Skandinaviens geografiska utveckling« (Die geographische Entwicklung Skandinaviens), Nathorsts »Jordens historia« (Geschichte der Erde), den Akten des Geologischen Vereins und aus verschiedenen kleineren Aufsätzen entnommen. Als Laie auf dem geologischen Gebiete erbitte ich gefällige Nachsicht der Fachgelehrten, falls sich Irrtümer in meinen Ausführungen finden. Dieser Aufsatz ist eigentlich für meine Kollegen, d. h. die Ingenieure, bestimmt, aber ich hoffe, daß das hydrologische Untersuchungsmaterial auch das geologische Studium der quartären Bildungen Schwedens in etwas fördern wird.

Inhaltsverzeichnis.

Einleitung.

Mit G r u n d w a s s e r bezeichnen wir solches Wasser, welches unter der Erdoberfläche vorkommt.

Das alte schwedische Sprichwort »Das Wasser ist ein guter Knecht, aber ein schlechter Herr«, bezog sich wohl ursprünglich auf die offenen Wasserläufe, die dem Menschen sowohl nützen als schaden können. Doch läßt es sich auch auf das Grundwasser anwenden. Aus den Tiefen der »Osen« gewinnen wir das herrlichste Trinkwasser, aber ein wassergefüllter Baugrund verbreitet Krankheiten, und ein sumpfiger Boden läßt Wald und Getreide nicht aufkommen. Die Aufgabe des Ingenieurs ist es, einerseits die nutzbringenden Eigenschaften des Grundwassers zu verwerten, anderseits die schädlichen zu bekämpfen. Beide Aufgaben können ebenso interessant wie schwierig sein. Die Gesetze für die Entstehung des Wassers in der Natur sind noch nicht vollständig erforscht, und unsere Kenntnis von den unterirdischen Wasserläufen stammt erst aus den letzten Jahrzehnten.

Unter H y d r o g r a p h i e versteht man im allgemeinen diejenige Wissenschaft, welche sich mit dem Vorkommen des Wassers in der Natur beschäftigt; aber wo es sich vorwiegend um Grundwasser handelt, hat man die Bezeichnung H y d r o l o g i e eingeführt.

Das Grundwasser wird durch Versickerung der Meteorwässer und teilweise auch durch Kondensation feuchter Luft im Erdboden gebildet. Ebenso wie beim Oberflächenwasser kommen auch bei ihm ausgeprägte Flüsse oder verhältnismäßig stillstehende Becken vor. Die Strömungsgeschwindigkeit wird natürlich ganz erheblich geringer, wenn das Wasser in den feinen und unregelmäßigen Poren des Bodens mühsam hervordringen muß, als wenn es nur den Reibungswiderstand in einem offenen Flußbett zu überwinden braucht. Einen vollkommenen Stillstand gibt es jedoch ebenso wenig unter als über der Erdoberfläche. Die Bewegung mag für das Auge nicht zu erkennen sein; doch läßt dieselbe sich durch direkte Messungen feststellen.

Nützliche und schädliche Eigenschaften des Grundwassers.

Entstehung und Auftreten des Grundwassers.

Die allge-
meinen Vor-
aussetzungen
für die Ent-
stehung von
Grundwasser. Die erste Bedingung für die Entstehung des Grundwassers ist ein durchlässiger Boden, so daß die Meteorwässer versickern können. Soll aber ein Strom von irgendwelcher Bedeutung entstehen können, so muß der durchlässige Boden hinreichende Tiefe und Ausdehnung besitzen und mit einem offenen Wasserlauf oder See, nach welchem das Grundwasser abfließen kann, in Verbindung stehen.

Beschaffen-
heit des
Grund-
wassers. Die Beschaffenheit des Grundwassers wird in hohem Grade von der Beschaffenheit des Bodens beeinflußt. In eisenhaltigem Sand wird das Wasser eisenhaltig, im Kalkboden wird es hart, im Granit und Sandstein gewöhnlich weich, usw.

Bedeutung
der Geologie
für die
Hydrologie. Um die Menge und die Beschaffenheit eines Grundwasserstromes richtig beurteilen zu können, ist es also notwendig, die Ausdehnung und Beschaffenheit der wasserführenden Schichten zu untersuchen. Man wird kein Hydrologe, ohne wenigstens die Anfangsgründe der Geologie zu verstehen.

Allgemeine
eologische
Verhältnisse
in Schweden. Die Grundwasserverhältnisse in Schweden sind bisweilen sehr verwickelt, und daß dem so sein muß, ist einem jeden klar, der die eigenartige Bildung dieses Landes studiert hat. Die hydrologischen Erscheinungen erklären sich gewöhnlich aus den Veränderungen, welche während der jüngsten geologischen Periode in dem Klima und der Höhenlage der skandinavischen Halbinsel vorgekommen sind. Es wird also unsere erste Aufgabe sein, zu erörtern, wie der geologische Aufbau Schwedens unter dem Einfluß dieser Kräfte entstanden ist, besonders in bezug auf diejenigen Gestein- und Bodenschichten, in welchen das Grundwasser vorkommt.

Das erste Kapitel dieses Aufsatzes soll die Grundbegriffe und Untersuchungsmethoden der Hydrologie behandeln. Das folgende ist der geologischen Bildung Schwedens gewidmet. Als Abschluß folgt die Beschreibung einiger unter der Leitung des Verfassers ausgeführter hydrologischer Untersuchungen; in jedem einzelnen Fall wird versucht, die geologische Beschaffenheit des Bodens zu erklären.

Kapitel I.

Hydrologie.

In dem folgenden Kapitel werden wir die historische Entwicklung der Hydrologie, die hydrologischen Untersuchungsmethoden, die allgemeine Anordnung von Brunnen und Sammelleitungen sowie die künstliche Grundwasserbildung besprechen. Rein konstruktive Anordnungen dürften nicht in den Rahmen dieser Abhandlung fallen.

Geschichtliches.

Von jeher ist die klare und kühlende Quelle dem faden Wasser der Seen und Flüsse vorgezogen worden. Noch vor wenigen Jahrzehnten wußte man nicht, was eine Quelle eigentlich ist, sondern glaubte, eine solche gehöre zu einer geheimnisvollen unterirdischen »Ader«, die aus reiner Laune an die Oberfläche komme, und wer das Glück hatte, in einem gegrabenen Brunnen Wasser anzutreffen, glaubte durch einen merkwürdigen Zufall gerade auf eine solche »Ader« gestoßen zu sein. So lange es sich nur darum handelte, die minimalen Wassermengen zu beschaffen, welche zur Befriedigung der bescheidenen hygienischen Bedürfnisse vergangener Jahrhunderte nötig waren, bestand im allgemeinen keine Schwierigkeit, genügend ergiebig unterirdische »Adern« zu finden. Auch in ziemlich großen Städten hatte jeder Hauseigentümer auf seinem Hofe einen Brunnen und in dessen unmittelbarer Nähe die ebenso nützliche wie unentbehrliche Dunggrube. Zwischen diesen beiden bestand eine lebhafte Verbindung, deren Folge durch Liebigs bekannte drastische Äußerung charakterisiert wird, daß »der Urin der Stadtbrunnen oft stark mit Grundwasser vermengt sei«. Schließlich wurde dieser Zustand unhaltbar, und die mehr und mehr aufgeklärte öffentliche Meinung begann, die Versorgung der Städte mit einwandfreiem und genießbarem Trinkwasser zu fordern. In erster Linie suchte man natürlich solche Quellen auszunutzen, deren Wasser durch Eigen-

druck nach den Städten geleitet und dort von öffentlichen Straßen-
brunnen verteilt werden konnte. Eine solche inzwischen teilweise
umgebaute Quellwasserleitung besteht seit über 100 Jahren in Gotenburg, wo das vorzügliche Wasser der Kallebäcks-Quelle durch ein
besonderes Röhrensystem und Trinkbrunnen verteilt wird. Standen
natürliche Quellen nicht zu Gebot, so suchte man unterirdische
Adern auf.

In qualitativer Hinsicht waren diese alten Wasserleitungen oft
ganz vortrefflich. Als man jedoch später das Wasser auch in die Häuser
und Fabriken geleitet haben wollte, reichten die Quellen meist nicht
mehr aus und verschiedene aufs Geratewohl ausgeführte Brunnenanlagen
mißglückten derart, daß man von der Benutzung des Grundwassers für
größere Städte nichts mehr hören wollte.

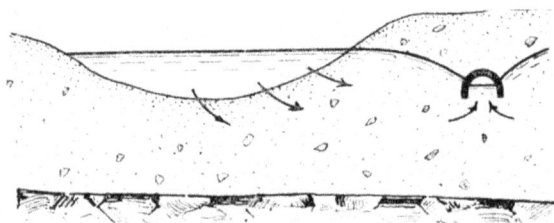

Fig. 1.

Nun trat ein Rückschlag ein zugunsten der bisher verachteten
See- und Flußwässer, deren Vorzüge in bezug auf Quantität ihre quali-
tativen Mängel ersetzen mußten. Große und kostspielige Werke zur
Förderung und Reinigung solchen Wassers wurden angelegt. Zuerst
begnügte man sich damit, das Wasser durch Sedimentation zu reinigen;
bald aber fand man, daß dieser Reinigungsprozeß mittels Filtration
durch Sand vervollständigt werden mußte. Da künstliche Filterbecken
sowohl in der Anlage wie im Betrieb sich sehr teuer stellten, so wurde,
wenn möglich, die sog. n a t ü r l i c h e F i l t r a t i o n benutzt, welche
auf folgendem Prinzip fußt.

Entlang dem Ufer eines Flusses, dessen Bett aus Sand besteht,
wird eine Sammelgalerie mit offener Sohle ausgelegt (s. Fig. 1).

Beim Pumpen von der Galerie senkt sich deren Wasserstand unter
das Niveau des Flusses und dieser Niveauunterschied bewirkt ein Nach-
strömen des Flußwassers durch den als natürliches Filter dienenden
Sandboden, wobei der auf der Sandoberfläche sich ablagernde Schlamm
durch den Strom fortgeführt werden soll. Einen Zufluß von der Landseite brachte man bei den ersten Anlagen nicht mit in Anschlag.

Von solchen Wasserwerken sind eine Anzahl angelegt worden, die meisten haben jedoch den Erwartungen nicht entsprochen. In manchen Fällen sind die Poren des natürlichen Filterbettes durch Schlamm verstopft worden, den der Fluß nicht hat fortschaffen können, in anderen Fällen war die Filtration unvollständig.

Es existieren jedoch verschiedene solche Anlagen, welche zwar in quantitativer Hinsicht nicht alle Erwartungen erfüllt, aber doch in bezug auf Qualität Resultate von der größten Bedeutung für die Entwicklung der Wasserleitungstechnik geliefert haben. In der Regel hat die Leistungsfähigkeit der Sammelleitung allmählich abgenommen, während gleichzeitig die Beschaffenheit des Wassers sich verbessert hat, indem die Temperatur desselben sich in engen Grenzen hielt und seine chemischen Eigenschaften sich in solchem Grade veränderten, daß dies unmöglich dem kurzen unterirdischen Wege vom Flusse her zugeschrieben werden konnte Obwohl man zunächst auf einen Zufluß von der Landseite gar nicht gerechnet hatte, zeigte sich bei jeder neuen Anlage immer deutlicher, daß die Leitung in der Hauptsache von hier aus ihr Wasser erhielt, nachdem die natürliche Filtration infolge der Verschlammung des Flußbettes aufgehört oder abgenommen hatte. Nun begannen einige hervorragende Ingenieure wie D u p u y , B e l - g r a n d , S a l b a c h , T h i e m u. a., die wirkliche Natur der unterirdischen Zuflüsse näher zu studieren, und das Resultat ihrer Forschungen war eine neue Wissenschaft, die H y d r o l o g i e oder Lehre von der Bildung, Bewegung und sonstigen Beschaffenheit des Grundwassers. Es ist jetzt eine bekannte Tatsache, daß unter der Erdoberfläche wirkliche Grundwasserströme sich bewegen, deren Lauf man verfolgen, deren Richtung und Gefälle man bestimmen und deren Ergiebigkeit man feststellen kann.

Im Laufe der letzten Jahrzehnte sind demnach für Städte mit Hunderttausenden von Einwohnern Grundwasserwerke mit den besten Resultaten ausgeführt worden. Und während die Hydrologie sich zu einer exakten Wissenschaft entwickelt hat, haben zahlreiche sorgfältig studierte Epidemien den klaren Beweis geliefert, daß Seuchen durch ein von besonderen Bakterien verunreinigtes Trinkwasser veranlaßt werden können. In der Regel ist eine Infektion des Grundwassers ausgeschlossen, während offene Wasserläufe meist als verdächtig angesehen werden müssen. Der hoch entwickelten Filtertechnik ist es zwar gelungen, die Gefahr auf ein Minimum zu reduzieren, trotzdem ist es eine bekannte Tatsache, daß Cholera- und Typhusbazillen durch das dünne Sandbett hindurch gelangen k ö n n e n , und es bietet daher das beste

Flußwasser-Filterwerk nicht denselben absoluten Schutz gegen Epidemien, wie eine rationell ausgeführte Grundwasseranlage. In der Ozonisierung hat man zwar ein wirksames Mittel zur vollständigen Unschädlichmachung aller pathogenen Keime im Wasser gefunden, aber die Methode ist teuer und steht noch im Stadium des Versuches, und im übrigen bleibt, auch wenn ein Flußwasser steril gemacht werden kann, doch der Übelstand der hohen Sommertemperatur desselben im Gegensatz zu der erfrischenden Kühle des Grundwassers bestehen. Erst durch Filtration, Ozonisierung und Abkühlung kann Flußwasser dem Grundwasser gleichwertig werden; eine so vollständige Behandlung ist jedoch vom wirtschaftlichen Gesichtspunkt aus, wenigstens in der nächsten Zukunft, undenkbar.

Die hygienischen, ökonomischen und ästhetischen Vorzüge des Grundwassers sind zurzeit so allgemein anerkannt, daß jede Stadt, welche eine Wasserleitung anzulegen in Begriff steht, in erster Linie ihren Bedarf aus sichtbaren oder unterirdischen Quellen zu decken versuchen muß. Erst wenn eine umfassende hydrologische Untersuchung erwiesen hat, daß Grundwasser unmöglich für angemessene Kosten zu beschaffen ist, darf man zu Oberflächenwasser seine Zuflucht nehmen.

Die Entstehung des Grundwassers

Verschiedene Theorien. wird auf verschiedene Weise erklärt. Nach der Infiltrationstheorie dringt ein Teil der Niederschläge durch die Poren des Bodens hinab, nach Novak dringt das Wasser hauptsächlich vom Meeresboden aus in das Innere der Erde. Volger hält das Grundwasser für ein Produkt der Kondensation der Grundluft und Mezger modifiziert diese Theorie so, daß es die aus der Tiefe aufsteigenden Wasserdämpfe sind, welche kondensiert werden.

Welche von diesen Theorien ist nun die richtigste? Wahrscheinlich reicht keine derselben aus, um alle Erscheinungen zu erklären, jede einzelne kann aber auf einen Spezialfall anwendbar sein. Daß Infiltration wirklich stattfindet, dürfte außer allem Zweifel stehen und ebenso ist es wohl unbestreitbar, daß unterirdische »Taubildung« in Bergspalten beträchtliche Beiträge zu den Grundwasserströmen liefert, sowie daß aus der Tiefe aufsteigende Dämpfe bei der Bildung warmer Quellen eine wichtige Rolle spielen.

Für uns Ingenieure ist indessen die Frage der Entstehung des Grundwassers von untergeordneter Bedeutung. Wir dürfen unter keinen Umständen die Berechnung der Ergiebigkeit eines Grundwasserstromes auf die Größe des Infiltrationsgebietes (S. 14) oder auf diese oder jene wissenschaftliche Hypothese gründen; wir müssen greifbare Beweise dafür vorlegen können, daß wirklich eine bestimmte Menge Wasser zur Verfügung steht. Ich erinnere mich eines Ausdruckes meines verstorbenen Freundes und Lehrmeisters A. Thiem: Mir ist es gleichgültig, woher das Grundwasser kommt oder wohin es geht: h i e r   i s t   e s!

Verschiedene Arten von Grundwasserströmen.

Ein unterirdischer Strom folgt im großen und ganzen denselben Gesetzen wie ein gewöhnlicher Fluß. Sein Bett besteht aus einem undurchlässigen Erd- oder Gesteinslager, seine Bewegung wird durch das Gesetz der Schwere bestimmt. Jedes Wasserpartikelchen strebt abwärts in der Richtung, wo ihm der geringste Widerstand begegnet. Bald fließt das Wasser in einer langgestreckten Rinne mit ausgeprägter Bewegungsrichtung fort, bald breitet es sich über eine weitgestreckte Ebene aus.

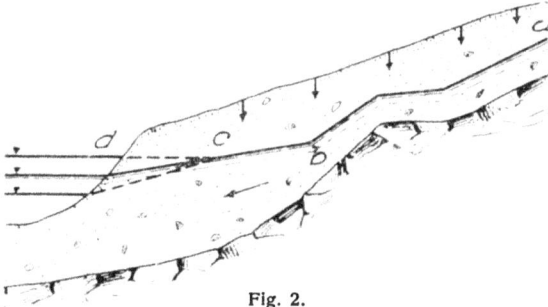

Fig. 2.

In einem homogenen Sandbett füllt es alle Öffnungen und fließt als einheitlicher Strom fort; im Gestein oder Moränengrus bildet es einzelne Adern. Ein Grundwasserstrom kann gezwungen werden, einem tiefliegenden, durch undurchläßliche Schichten begrenzten Bette zu folgen oder als Quelle über die Bodenoberfläche emporzusteigen. In den meisten Fällen mündet der Strom in einen offenen Wasserlauf, zuweilen findet jedoch das Gegenteil statt, indem das Grundwasser von einem höhergelegenen Fluß oder See gespeist wird, und zuweilen fließt das Grundwasser unter einem Fluß hinweg, ohne mit diesem in Berührung zu kommen.

Grundwasser fließt weit langsamer als Oberflächenwasser, was von dem großen Reibungswiderstand in den kleinen, unregelmäßigen Kanälen herrührt, welche die Höhlungen des Untergrundes miteinander verbinden. Der Widerstand muß durch ein entsprechendes Gefälle überwunden werden, dessen Größe teils von der Geschwindigkeit, teils von der Beschaffenheit der Bodenschichten abhängt.

Fig. 2 zeigt einen schematischen Längsschnitt durch einen Grundwasserstrom. Im oberen Lauf, zwischen *a* und *b*, folgt der Strom dem
Gefälle der undurchlässigen Sohle, zwischen *b* und *d* ist der Wasserspiegel von dem Rezipienten aufgestaut, dessen Wasserstandsänderungen
sich bis zum Punkt *c* geltend machen. Zwischen *c* und *d* ist der Grundwasserstand ständigen Veränderungen unterworfen. Steigt der Fluß
über den Mittelwasserstand, so vermindert sich Gefälle und Geschwin-

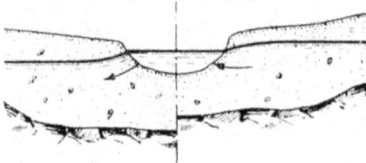

Fig. 3.   Fig. 4.

digkeit des Grundwassers, seine Oberfläche wird aufgestaut und Wasser
aus dem Fluß strömt seitwärts in den Boden hinein; bevor die Bewegung
sich jedoch bis nach *c* hat fortpflanzen können, ist der Fluß wieder ge-
fallen. Das Entgegengesetzte findet bei niedrigerem Wasserstande statt.

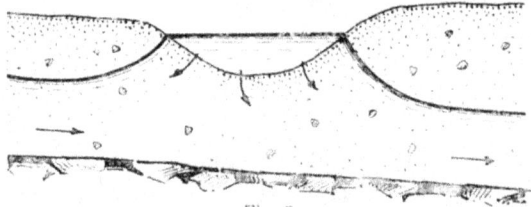

Fig. 5.

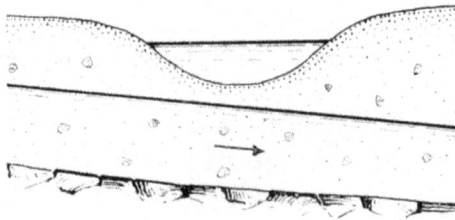

Fig. 6.

Fig. 3 und 4 zeigen einen unter und in gleicher Richtung mit einem
Fluß fließenden Grundwasserstrom. Zwischen den beiden Strömen
findet eine ständige Wechselwirkung statt: bisweilen gelangt das Grundwasser in den Fluß hinein, bisweilen dringt Flußwasser durch die Sohle
nach unten.

Fig. 5 zeigt einen Grundwasserstrom, welcher ständig von einem höher gelegenen Fluß gespeist wird. Dieser Fall ist ungewöhnlich, denn in der Regel werden die Poren in der Flußsohle durch Schlamm verstopft, so daß die Infiltration aufhört (Fig. 6).

Fig. 7 zeigt einen Strom, der in seinem oberen Lauf, zwischen a und b, einen freien Wasserspiegel hat, zwischen b und e jedoch von einer wasserdichten Schicht überlagert ist. Zwischen c und d kann das Wasser durch »artesische «Brunnen über die Erdoberfläche emporsteigen. Nach dem allgemeinen Sprachgebrauch bezeichnen wir den ganzen Strom unterhalb b als a r t e s i s c h e n S t r o m.

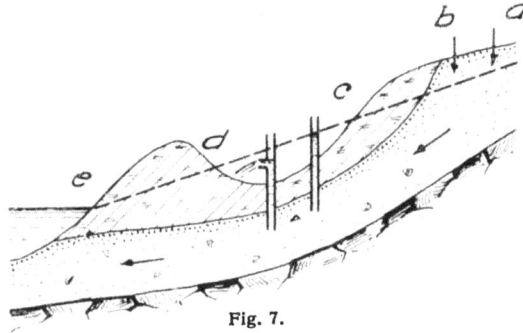

Fig. 7.

Fig. 8 zeigt einen Strom, welcher zwischen a und b, sowie zwischen c und d einheitlich, zwischen b und c aber durch eine Schicht aus Ton oder feinem Sand in zwei »Etagen« geteilt ist. Die obere Etage hat freien Wasserspiegel, die untere ist artesisch.

Fig. 8.

Fig. 9 zeigt eine Quelle mit freiem Ausfluß (bei a) aus einer Spalte im zerklüfteten Gestein. Eine tiefer gelegene Quellenader ergießt sich bei b in einen unterhalb belegenen Grundwasserstrom.

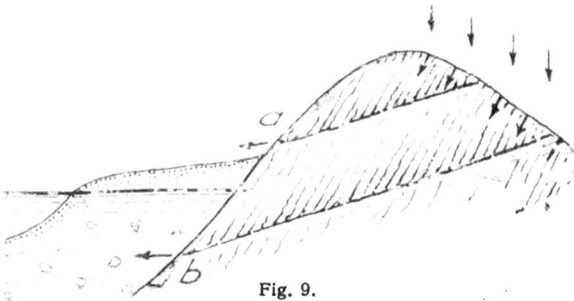

Fig. 9.

Fig. 10 zeigt, wie ein gewöhnlicher Grundwasserstrom eine Quelle bildet, welche nur einen teilweisen Ausfluß repräsentiert.

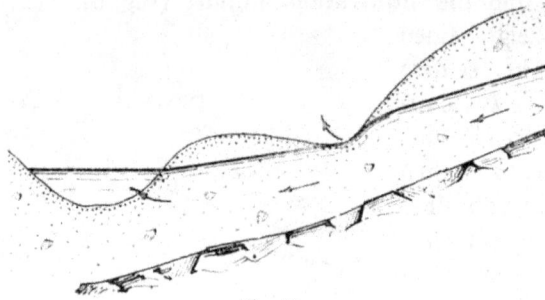

Fig. 10.

Beschaffenheit des Grundwassers.

Vergleicht man eine einem Brunnen am Flußufer entnommene Wasserprobe mit einer Probe aus dem Flusse, so wird man in den meisten Fällen einen nicht unerheblichen Unterschied bemerken. Erstere ist kristallklar, frisch und wohlschmeckend, mit konstanter Temperatur, letztere trübe von feinen Schlammpartikeln, oft von grauem oder bräunlichem Farbton und fadem Geschmack, warm im Sommer und kalt im Winter. Erstere enthält oft eine Menge chemischer Verbindungen, schmeckt nach Eisen, ist »hart«, d. h. reich an Kalk und Magnesia oder hat, wenn der Brunnen sehr tief ist, einen unangenehmen Geruch von Schwefelwasserstoff; letztere ist in chemischer Hinsicht bedeutend reiner, »weich« und eisenfrei. Bei der biologischen Untersuchung zeigt sich die erstere steril, die letztere reich an Bakterien. Vom physikalischen, ästhetischen und hygienischen Gesichtspunkt aus besitzt das Grundwasser unbestreitbare Vorzüge als Trinkwasser, jedoch ist das Oberflächenwasser zum Kochen gewisser Speisen, zur Wäsche und für technische Zwecke besser verwendbar.

Diese Verschiedenheiten sind in den Prozessen begründet, welche das Wasser durchgemacht hat, nachdem es in Form von Regen auf die Erdoberfläche niedergefallen ist. Das Meteorwasser ist mit der Luft und der Erdoberfläche selber in ständiger Berührung gewesen. Das Grundwasser nimmt bei der Infiltration Kohlensäure aus der obersten Erdschicht auf und erhält dadurch die Fähigkeit, gewisse chemische Verbindungen zu lösen. Bakterien werden ebenfalls bei der Infiltration in großer Menge aufgenommen, jedoch während der langsamen Filtration des Wassers bald wieder abgeschieden. Je nach dem Sinken des Wassers wird die Luftzufuhr vermindert und der Sauerstoff verbraucht, reduzierende Prozesse treten ein und es entstehen gasförmige Produkte. Die Temperatur wird ausgeglichen und schließlich konstant. Die Beschaffenheit des Wassers wird abhängig von dessen Tiefe unter der Erdoberfläche sowie von der Beschaffenheit des Untergrundes.

Wir dürfen demnach bei der Beurteilung den Grundwässern und den Oberflächenwässern nicht denselben Maßstab anlegen. Chlor- und Stickstoffverunreinigungen haben nicht dieselbe hygienische Bedeutung in einem sterilen Grundwasser wie in einem bakterienhaltigen Tagwasser. Diese Frage wird näher berührt werden, wenn wir zu der praktischen Anwendung gelangen (S. 81). Chlor ist ein sehr gewöhnlicher Bestandteil in Sandschichten, welche sich unter dem Meereswasser befinden, und bildet dann in Verbindung mit Natrium Kochsalz. In dem unterirdischen Tal des Götaälf ist das Wasser in der eigentlichen Stromrinne, wo die Salzablagerungen im Laufe der Zeit fortgespült worden sind, süß; in einer mit feinem und dichtem Sand gefüllten Erweiterung der Stromrinne ist das Wasser jedoch salzig und ungenießbar (S. 85). Dasselbe ist in einem artesischen Strom bei Alingsas, welcher etwa 60 m über dem jetzigen Meere, jedoch unter dem Niveau des spätglazialen Meeres liegt, beobachtet worden. Kochsalz ist bekanntlich nicht nur unschädlich, sondern sogar für den menschlichen Organismus nützlich und verringert daher nicht den Wert des Wassers, so lange es nicht durch den Geschmack wahrgenommen werden kann.

Die c h e m i s c h e Untersuchung eines Grundwassers hat in der Hauptsache den Zweck, den H ä r t e g r a d und E i s e n g e h a l t zu bestimmen.

K a l k ist bekanntlich in kohlensäurehaltigem Wasser leicht löslich, wird aber auch leicht ausgefällt, wenn die Kohlensäure entweicht. Ein in einem Kalkgestein oder kalkreichen Sandlager zirkulierendes Grundwasser wird fast stets hart, und in den Grundwasserströmen Schonens gehört ein Härtegrad von 20° [1]) nicht zu den Seltenheiten, sondern zur Regel. Wenn ein sehr hartes Grundwasser eine Quelle bildet, entweicht ein großer Teil der Kohlensäure und der Kalk wird in Form von sog. Sinterbildungen ausgefällt. M a g n e s i a wird in gleicher Weise gelöst, ist jedoch schwerer zu fällen.

Die Härte eines Wassers verursacht manche Übelstände. Seife löst sich nicht so leicht wie in weichem Wasser, zum Kochen von Gemüse und zur Bereitung von Tee ist mehr Zeit erforderlich. In den

---

[1]) 1° d. H. entspricht 1 Gewichtsteil Kalk (Ca O) auf 100 000 Teilen Wasser.

Zapfhähnen entstehen Sinterbildungen, Dampfkesselwände überziehen sich mit Kesselstein usw. Zur Verminderung der Härte gibt es viele mehr oder weniger kostspielige Methoden. Unter diesen verdient eine von dem schwedischen Ingenieur Dr. K. S o n d é n erfundene Erwähnung. Dem Wasser wird Kalkhydrat zugesetzt, welches die Kohlensäure neutralisiert, wobei Kalzium- und Magnesiumkarbonat ausgefällt wird und darauf leicht ausgeschieden werden kann. Um das Wasser frisch zu erhalten, reinigt Sondén nur einen Teil desselben, z. B. die Hälfte, wodurch die Kohlensäure des übrigen bewahrt wird.

Die Sandschichten, in denen die Grundwasserströme des nördlichen Europas fließen, bestehen zum größten Teile aus Fragmenten der eisenreichen Urgebirge Schwedens und sind daher reich an E i s e n v e r - b i n d u n g e n , welche von kohlensäurehaltigem Grundwasser aufgelöst werden. Ein eisenhaltiges Grundwasser ist, wenn es zutage tritt, klar und farblos, bei der fortschreitenden Oxydation wird das Wasser jedoch trübe und ein Teil des Eisens wird in Form von Ocker gefällt. Mit dem Eisen treten zugleich oft Grundwasseralgen, Chrenothrix polyspora u. a., auf, welche sich in großen Mengen absetzen und enge Rohrleitungen allmählich ganz und gar verstopfen können. Ein solches Wasser ist in seinem ursprünglichen Zustand unverwendbar und muß einem Reinigungsprozeß unterworfen werden, der in der Hauptsache besteht in 1. L ü f t u n g , wobei das Eisen als Ocker gefällt wird, und 2. F i l t r a t i o n , wobei der Ocker abgeschieden wird. Die technischen Anordnungen des Prozesses müssen sich nach der Beschaffenheit des Wassers richten. Was die Projektierung erschwert, ist das unberechenbare Auftreten und Wechseln des Eisengehaltes; oft kommen in demselben Versuchsfelde sowohl eisenhaltige wie eisenfreie Gebiete vor. Tritt das Eisen in Form von Ferrobikarbonat auf, ist es viel leichter zu fällen, als in der Sulfatform. Vielfach hat ein Grundwasserwerk nachträglich durch eine Enteisenungsanlage vervollständigt werden müssen; bisweilen hat auch der Eisengehalt allmählich abgenommen, so daß das Wasser schließlich ohne Reinigung verwendbar war (S. 87).

In letzterer Zeit hat man auch M a n g a n in Verbindung mit Eisen angetroffen, welches die gleichen Übelstände zeigt, aber noch schwerer zu beseitigen ist.

S c h w e f e l w a s s e r s t o f f , welcher im Grundwasser häufig vorkommt, kann mit Leichtigkeit durch Lüftung beseitigt werden.

Sehr wichtig vom hygienischen Gesichtspunkt aus ist die b i o - l o g i s c h e Untersuchung. Wie bereits oben erwähnt, ist in einem feinkörnigen Boden die Filtration eine so langsame und vollständige, daß auch die geringsten im Wasser befindlichen Schlammpartikeln ausgeschieden werden. Zahlreiche Untersuchungen haben bewiesen, daß ein so gebildetes Grundwasser bereits in wenigen Metern Tiefe steril ist. Steigt dagegen das Grundwasser bis nahe an die Erdoberfläche oder wird es durch Zuflüsse aus grobem Kies oder zerklüftetem Gestein gespeist, so kann es sehr reich an Bakterien sein. Unter diesen sind es besonders zwei Arten, vor denen wir aus guten Gründen großen Respekt haben müssen, die Erreger der Cholera und des Typhus. Beide können mit den menschlichen Exkrementen von der Erdoberfläche in das Grundwasser gelangen. Manche Typhusepidemie ist durch Brunnen in zerklüfteten Kalkgebirgen verbreitet worden. Besonders ist in Frankreich die Benutzung von »Quellen« verhängnisvoll geworden, welche größtenteils durch unfiltrierte Zuflüsse aus nahegelegenen Flüssen gespeist wurden. Ein bakterienhaltiges Grundwasser ist stets verdächtig, und besonders, wenn es auch noch Chlor- und Stickstoffverunreinigungen enthält, muß es ebenso wie Oberflächenwasser entweder durch Filtration oder Ozonisierung gereinigt werden.

Hydrologische Untersuchungen.

Wer den verantwortungsvollen Auftrag übernommen hat, eine Stadt mit Grundwasser zu versorgen, muß 1. die Untersuchungen so vollständig ausführen, daß in bezug auf die zur Verfügung stehende Menge und Beschaffenheit des Wassers zuverlässige Schlüsse gezogen werden können, und 2. dabei auf größtmögliche Sparsamkeit bedacht sein. Wir müssen uns durch Bohrungen eine genaue Kenntnis über die Ausdehnung der wasserführenden Schichten sowie über ihre Mächtigkeit und Beschaffenheit und durch umfassende Pumpversuche oder andere zuverlässige Methoden ein Urteil über die vorhandene Wassermenge verschaffen; aber wir dürfen erst dann zu solchen zeitraubenden und kostspieligen Maßregeln schreiten, wenn wir bereits die Überzeugung gewonnen haben, daß der Versuch Erfolg verspricht. Zunächst müssen wir v o r l ä u f i g e Untersuchungen innerhalb weiter Gebiete ausführen und sodann das uns am geeignetsten erscheinende Gelände einer eingehenderen Untersuchung unterziehen.

Vorläufige Untersuchungen.

Wir besichtigen zunächst die Umgebung der zu versorgenden Gemeinde, studieren den geologischen und topographischen Charakter der Landschaft und widmen unsere Aufmerksamkeit den Tälern und ihren Wasserscheiden. Die geologische Karte belehrt uns über die Beschaffenheit des Felsgrundes und der losen Erdschichten. Urgebirge, Moränen und Ton brauchen nicht weiter untersucht zu werden, sedimentäre Gesteinsarten, Geschiebe und fluviale Sandschichten erwecken gute Hoffnungen. Mit Hilfe der topographischen Karte berechnen wir die Niederschlagsgebiete der verschiedenen Täler und, gestützt auf die Kenntnis der meteorologischen Verhältnisse der Umgegend, erhalten wir einen ungefähren Überblick über die jährlichen Durchschnitts- und Minimalniederschläge. Aus der Beschaffenheit der Erdoberfläche suchen wir die voraussichtliche Infiltration zu beurteilen und die Grundwassermenge zu schätzen, welche unter bestimmten Voraussetzungen zur Verfügung stehen könnte. Eine solche Schätzung ist von großem Wert, hauptsächlich in negativer Hinsicht. Wenn z. B. das Tal von Urgebirge begrenzt wird, so daß man nicht auf unterirdische Verbindungen mit anderen Niederschlagsgebieten rechnen kann, wenn wir ferner die Ausdehnung des Geländes, auf welchem eine Infiltration stattfinden kann, bestimmen können, und wenn wir schließlich daraus ersehen, daß die Wassermenge, welche durch Infiltration von beispielsweise der halben Regenmenge entsteht, hinter dem berechneten Bedarf zurückbleibt, so ist ohne weiteres klar, daß eine hydrologische Untersuchung unbefriedigende Resultate ergeben muß. Bestehen dagegen die Wasserscheiden aus Kalkgebirgen, so ist die Möglichkeit nicht ausgeschlossen, daß Quellenadern aus anderen Gebieten einmünden können, wie dies in Fig. 9 angedeutet ist. Einen bestimmten Schluß in bezug auf die Grundwassermenge nur aus der Größe des Niederschlagsgebietes zu ziehen, ist nicht anzuraten.

In diesem Zusammenhang ist hervorzuheben, daß die in einem Osen fließende Wassermenge in den meisten Fällen bedeutend die Quantität übersteigt, welche der Berechnung nach auf dem eigentlichen Bergrücken infiltriert werden kann, dessen schmaler Kamm und schroff abfallende Hänge den schnellen Abfluß des Regens befördern und deren Oberfläche sehr hart und steinig zu sein pflegt. Der Verfasser hat in einem Falle feststellen können, daß der ganze Kern des Osens mit Wasser gefüllt war, welches beim Bohren über den Kamm desselben emporstieg. Der Grundwasserstrom war artesisch und konnte daher nicht durch die undurchlässige Schale gespeist werden, sondern mußte seine Zuflüsse aus dem darunterliegenden Moränenbette erhalten. Die Osen sammeln Grundwasser hauptsächlich durch Drainierung der umliegenden Landschaft; der durch direkte Infiltration erhaltene Zuschuß ist gewöhnlich von geringerer Bedeutung.

Bei Untersuchungen auf großen Ebenen kann natürlich das Niederschlagsgebiet eines unterirdischen Stromes nicht gemessen oder berechnet werden.

Die Oberflächenwasserverhältnisse der Gegend müssen sorgfältig studiert werden. Je weniger Wasser von der Erdoberfläche abfließt, desto mehr wird unter derselben gefunden werden. Je gleichmäßiger die Wassermenge eines Flusses während der verschiedenen Jahreszeiten ist, desto größer ist die Rolle, welche die unterirdischen Zuflüsse desselben dabei spielen. Ein solcher Fluß behält auch seine Temperatur verhältnismäßig konstant. Führen wir unsere Beobachtungen im Winter aus, so müssen wir unsere Aufmerksamkeit auf die Eisverhältnisse des Oberflächenwassers richten. So z. B. beobachtete der Verfasser Temperatur-einen kleinen Bach, welcher einen Osen bei Sala durchschneidet. Ober- verhältnisse. halb des Bergrückens war der Bach mit Eis bedeckt, unmittelbar nach seinem Eintritt in denselben jedoch offen. Die Wassermenge wurde auf 100 l/sk geschätzt, die Temperatur war $+ 3^0$. Wenn man nun die Temperatur des Grundwassers auf $+ 6^0$, diejenige des Bachwassers auf 0^0 annimmt, so ist ja die halbe Wassermenge oder 50 l/sk aus dem Osen gekommen. Nördlich von Hudiksvall erstreckt sich ein Osen bis in die See und nahe am Ufer war das Wasser eisfrei, ein sicherer Beweis für reichliches Vorhandensein von Grundwasser. Im Sommer ist eine plötzliche Abkühlung ein ebenso sicheres Zeichen.

Die Botanik ist eine wertvolle Hilfswissenschaft, den gewissen Wasserpflanzen fordern konstante Temperatur und gedeihen vorzugsweise am Ausfluß der Grundwasserströme.

Der in vielen Flüssen vorkommende Triebsand wird mittels Auflockerung des Bodens durch von unten eindringendes Grundwasser gebildet und kann dadurch dem Hydrologen nützliche Fingerzeige liefern.

Am wichtigsten ist es jedoch, die Aufmerksamkeit auf die bereits Vorhandene vorhandenen Quellen und Brunnen zu richten, welche genau aufzuneh- Brunnen. men, zu nivellieren und in bezug auf Menge, Temperatur und Beschaffenheit des Wassers zu untersuchen sind. Von den Brunnenbesitzern sind die zu beschaffenden Angaben hinsichtlich der Tiefe der Erdschichten, Wechseln des Wasserstandes usw. zu sammeln. Eine alte Regel ist, daß ein Bauer niemals seinen Brunnen tiefer gräbt, als nötig, um einen Eimer zu füllen, also höchstens einen halben Meter unter dem Wasserspiegel; hält ein Brunnen 1,5 m Wasser, so würde man daraus den Schluß ziehen können, daß der niedrigste Wasserstand, welcher seit der Ingebrauchnahme des Brunnens vorgekommen ist, einen Meter

unter dem jetzigen war. Von Wichtigkeit ist, zu wissen, ob sämtliche
Brunnen derselben »Etage« angehören oder ob einzelne durch wasser-
dichte Schichten hinabgeführt worden sind.

Wenn wir durch diese meteorologischen, geologischen und hydrologischen Vorstudien zu der Überzeugung gekommen sind, daß innerhalb
eines gewissen Gebietes mit Wahrscheinlichkeit auf die erforderliche
Grundwassermenge gerechnet werden kann, so gehen wir zu den

definitiven Untersuchungen

über, deren wichtigster Zweck darin besteht, die M e n g e   u n d   B e -
s c h a f f e n h e i t des Grundwassers zu bestimmen.

Zu diesem Zwecke wollen wir uns zuerst eine Kenntnis über die
R i c h t u n g der Ströme verschaffen, sodann bestimmen wir durch
Bohrungen ihre Breite und Tiefe, also ihre Q u e r s c h n i t t s f l ä c h e
und schließlich ihre E r g i e b i g k e i t. Während der ganzen Unter-
suchungszeit werden die Wasserstandsbeobachtungen in sämtlichen
Brunnen und nahegelegenen offenen Wasserläufen fortgesetzt, Wasserproben zu chemischen und bakteriologischen Analysen entnommen
und sofern es erforderlich erscheint, Versuche mit Reinigungsanlagen
angestellt.

Richtung
des Stromes.

Die R i c h t u n g eines Grundwasserstromes geht oft deutlich
aus der Neigung des Geländes hervor, wenn z. B. dessen Bett aus einem
langgestreckten Osen besteht. Unter allen Umständen kann die Richtung durch Beobachtung des G e f ä l l e s des Grundwasserspiegels,
wie man sie durch Vergleichung des Wasserstandes in verschiedenen
Brunnen (Beobachtungsrohren) erhalten kann, bestimmt werden.
Hierzu sind mindestens drei Brunnen erforderlich, welche ein möglichst
gleichseitiges Dreieck bilden (Fig. 11).

Wenn z. B. der Wasserspiegel in dem Brunnen *A* 8,7 m über dem
angenommenen Nullpunkt, in dem Brunnen *B* + 7,8 und in *C* + 6,5 m
hoch steht, so kann man durch Interpolation den Punkt auf der Ver-
bindungslinie *A B* finden, an welchem ein Wasserstand von + 8 angenommen werden kann. In gleicher Weise befinden sich auf *A C*
zwei Punkte, wo der Wasserstand bzw + 8 und + 7, und auf *B C*
ein Punkt, wo er + 7 m Höhe besitzt. Verbindet man die beiden 8 m-
Punkte miteinander, so erhält man eine Linie, auf welcher der Wasserstand überall + 8 m ist und auf gleiche Weise eine Linie, wo derselbe
überall + 7 m beträgt. Ein Wasserteilchen, welches sich irgendwo in
der 8 m-Linie befindet, wird durch die Schwerkraft gezwungen, sich

nach der 7 m-Linie hin zu bewegen und sucht natürlich sein Ziel auf dem kürzesten Wege, also in rechtwinkeliger Richtung, zu erreichen.

Nachdem man auf diese Weise die ungefähre Hauptrichtung des Stromes gefunden hat, werden parallel und rechtwinkelig zu derselben neue Beobachtungsbrunnen gesenkt, zwischen denen in gleicher Weise durch Interpolation diejenigen Punkte gefunden werden, deren Wasserstände in ganzen Meterzahlen ausgedrückt sind; und durch Verbindung

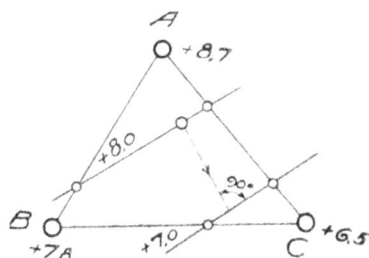

Fig. 11.

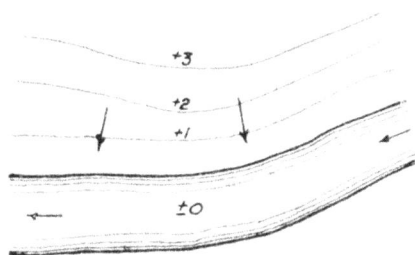

Fig. 12.

dieser Punkte auf der Karte erhält man die H o r i z o n t a l k u r v e n, welche die Stromrichtung innerhalb verschiedener Teile des Versuchsfeldes deutlich angeben. Eine solche h y d r o l o g i s c h e K a r t e zeigt Fig. 12, wo ein Grundwasserstrom in einen offenen Wasserlauf ausmündet. Ein Schnitt in der Längenrichtung des Stromes gestaltet sich nach Fig. 2.

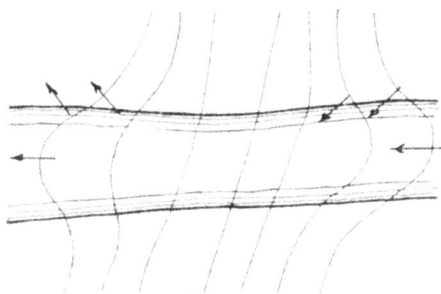

Fig. 13.

In Fig. 13 geht der Grundwasserstrom dem Fluß parallel. Im oberen Laufe desselben steht der Grundwasserspiegel höher, als der Fluß, in welchen ein Teil seines Wassers hineinströmt, wie in Fig. 4 gezeigt ist; in seinem unteren Lauf findet das Gegenteil statt und auf der dazwischenliegenden Strecke sind die beiden Ströme unabhängig voneinander.

Die T i e f e und B e s c h a f f e n h e i t der grundwasserführenden Bohrungen. Schichten wird durch Bohrungen ermittelt. Jeder Brunnen ist wenn

möglich bis auf die undurchdringliche Schicht, welche die Sohle des
Stromes bildet, hinabzutreiben. Alle Veränderungen in der Beschaffenheit des Grundes werden genau beachtet und Proben der durchfah-
renen Schichten werden in Flaschen aufbewahrt, welche eine Aufschrift
mit der Nummer des Brunnens und der Tiefe, aus der die Probe stammt,
erhalten. Die in unserem Lande gebräuchlichste Bohrmethode besteht
darin, daß man mittels einer Pfahlramme ein Rohr in den Boden treibt,
während durch ein inneres, unten durchlöchertes und mit einem Meißel
versehenes Rohr, welches beim Hinabsenken hin und hergedreht wird,
Druckwasser eingepreßt wird. Das Wasser steigt in den Ringquerschnitt
zwischen beiden Rohren empor und fließt durch eine Abzweigung des
äußeren Rohres ab, wobei es die Schlammpartikel, welche durch ver-
einigte Wirkung des Wasserstrahls und des Meißels losgerissen wurden,
mit fortnimmt. Diese Methode ist einfach und billig, aber sie liefert
niemals völlig genaue Proben der Schichten. Wenn die Rohre im Sandboden mit wechselnder Korngröße hinabgetrieben werden, gehen zuerst
die feineren Körner mit, während die gröberen sich an der Brunnen-
sohle ansammeln, bis sie bei kräftigerer Drehung und Spülung mit dem
Wasser fortgespült werden. Man erhält dabei leicht den unrichtigen
Eindruck, als ob gerade hier ein zusammenhängendes Lager aus grobem
Kies angetroffen worden sei. Beim Bohren in Sand, mit Ton oder
Schlammsand vermischt, findet das Gegenteil statt: die Probe zeigt
eine vermischte Masse anstatt einer geschichteten. Die Spülungsmethode
gewährt daher nur eine ungefähre Kenntnis der Bodenbeschaffenheit,
und bei dem darauffolgenden Graben hat man oft einen bemerkenswerten Unterschied zwischen den wirklichen Lagerungen und den
durch die Bohrprofile erhaltenen feststellen können.

Von größter Wichtigkeit ist es, während des Bohrens die etwaigen
Veränderungen im Wasserstand des Brunnens zu beachten. Ein sehr
dünnes Tonlager kann nach dem Vorerwähnten beim Bohren nicht
entdeckt werden, und man kann deshalb leicht von der unrichtigen
Voraussetzung ausgehen, daß man einen einheitlichen Strom untersucht, obwohl vielleicht mehrere Etagen vorhanden sind. Ein Kor-
rektiv erhält man in solchem Falle dadurch, daß man täglich vor Beginn der Arbeit den Wasserstand beobachtet. Findet man an einem
Morgen, daß der Wasserspiegel höher oder niedriger steht, als während
des vorhergehenden Tages, so liegt die Wahrscheinlichkeit vor, daß
der Brunnen eine andere Etage erreicht hat. Zu demselben Resultat
kann man kommen, wenn die Beschaffenheit des Wassers, besonders
sein Eisengehalt, sich plötzlich verändert.

Nachdem wir auf diese Weise die Richtung, Ausdehnung und Mächtigkeit des Grundwasserstromes im Grundriß und Profil bestimmt haben, gehen wir zu unserer schwierigsten und interessantesten Aufgabe, der Bestimmung seiner E r g i e b i g k e i t über. Dabei müssen wir uns von Anfang an klar machen, daß kein Grundwasserstrom in jedem Jahr und zu jeder Jahreszeit die gleiche Wassermenge liefert, sondern periodischen Schwankungen unterworfen ist. Diese sind zwar im Vergleich mit den in offenen Wasserläufen vorkommenden unbedeutend, was sowohl durch den langsamen Verlauf der Infiltration wie auch durch die langsame Strömung des Grundwassers verursacht wird, aber sie können trotzdem unangenehme Überraschungen demjenigen bereiten, der sich auf eine konstante Wassermenge verlassen hat. Der Grundwasserstand ist gewöhnlich im Herbst am niedrigsten und oft in einem Jahre niedriger als in einem anderen. Je geringer das Infiltrationsgebiet des Stromes ist, desto größer sind die Schwankungen. Hat man also keinen Anhalt an vorhergegangenen Wasserstandsbeobachtungen (S. 15), so muß man vorsichtigerweise annehmen, daß die bei der Untersuchung gefundene Wassermenge später abnehmen kann.

Die Methoden, durch welche wir die Wassermenge bestimmen können, sind folgende:

1. Die Geschwindigkeit des Stromes wird gemessen;
2. die Geschwindigkeit des Stromes wird durch Beobachtung der Absenkung des Wasserspiegels bei Pumpversuchen berechnet;
3. die Wassermenge wird direkt aus der beobachteten Senkung des Wasserstandes bei Pumpversuchen berechnet;
4. die Wassermenge wird aus dem beobachteten Steigen des Wasserstandes bei künstlicher Infiltration berechnet.

Verschiedene Methoden zur Bestimmung der Wassermenge.

Messung der Geschwindigkeit.

Wenn ein Querschnitt des Stromes A qm groß ist, so besteht nicht diese ganze Fläche aus Wasser. Das Wasser strömt nur in den Sandporen und der wirkliche Wasserquerschnitt ist $= k_1 A$, wo k_1 ein Koeffizient ist, welcher die Gesamtfläche der Zwischenräume auf 1 qm des Stromquerschnittes repräsentiert. Wenn ferner die Durchschnittsgeschwindigkeit in den Zwischenräumen V_1 beträgt, so erhält man die in der Sekunde durchströmende Wassermenge aus der Gleichung

$$Q = k_1 A \cdot V_1 \ldots \ldots \ldots \ldots \ldots (1)$$

Man hat versucht, k_1 so zu bestimmen, daß man ein Gefäß mit trockenem Sand füllt und Wasser darauf gießt, wobei angenommen wird, daß das Wasservolumen, welches von einem Kubikmeter Sand aufgenommen wird, das Maß von k_1' angibt. Die Methode ist unsicher, denn der Sand läßt sich niemals so hart zusammenpacken, wie im natürlichen Boden. Im allgemeinen dürfte k_1 zwischen 0,15 und 0,25 liegen, jedoch können auch ganz bedeutende Abweichungen vorkommen. In Berücksichtigung dieser Unsicherheit kann man hier, wie es bei der Bezeichnung der Durchgangsgeschwindigkeit eines künstlichen Filters meistens zu geschehen pflegt, k_1 ausfallen lassen, indem man mit V die Geschwindigkeit p r o Q u a d r a t m e t e r d e r g a n z e n Q u e r s c h n i t t s f l ä c h e bezeichnet. Man erhält dann die Gleichung

$$Q = A \cdot V. \quad . \quad . \quad . \quad . \quad . \quad . \quad . \quad . \quad . \quad . \quad (2)$$

V ist demnach $= k_1 V_1$, oder $V_1 = \dfrac{V}{k_1}$.

Wenn z. B. $V = 0,1$ mm/sk, d. h. jedes Quadratmeter des Stromquerschnittes eine Wassermenge von 0,0001 cbm/sk liefert, und wenn $k_1 = 0,2$ angenommen wird, so beträgt die wirkliche Geschwindigkeit des Grundwassers $V_1 = 0,5$ .mm/sk oder 43,2 m in 24 Stunden.

Da wir im folgenden die Gleichung (2) anwenden, welche einfacher als Gleichung (1) ist, so dürfen wir nicht vergessen, daß V nur die s c h e i n b a r e G e s c h w i n d i g k e i t des Grundwassers ist. Wollen wir die Zeit bestimmen, welche eine bestimmte Wassermenge zum Zurücklegen eines bestimmten Weges braucht, so müssen wir von der w i r k l i c h e n G e s c h w i n d i g k e i t V_1 ausgehen.

A. Thiems
Methode. V kann natürlich nicht direkt gemessen werden, aber man hat versucht, V_1 zu messen. So hat A. T h i e m eine Lösung von Kochsalz benutzt, die durch einen Rohrbrunnen in das Grundwasser eingeführt wurde. Bei Beobachtung des Chlorgehaltes im Wasser eines anderen, unterhalb des ersteren in der Richtung des Stromes gelegenen Brunnens findet man, daß nach einer gewissen Zeit das Wasser salzig zu werden beginnt, worauf der Salzgehalt bis zu einem gewissen Maximum zunimmt, sodann wieder abnimmt, bis er schließlich ganz verschwunden ist. Er hat sich teils infolge von Diffusion, teils durch die Bewegung des Wassers fortgepflanzt. Die Einwirkung der Diffusion wird eliminiert, wenn man der Berechnung der Stromgeschwindigkeit die Zeit zugrunde legt, welche zwischen der Einbringung der Lösung in den oberen Brunnen und dem M a x i m u m des Salzgehaltes vergeht. Ist diese Zeit T Sekunden und der Abstand zwischen den Brunnen L Meter, so ist

$$V_1 = \frac{L}{T} \quad . \quad . \quad . \quad . \quad . \quad . \quad . \quad (3)$$

Indem man in solcher Weise V_1 zwischen einer großen Zahl von Brunnen mißt, erhält man einen Durchschnittswert, welcher zugleich mit einem angenommenen Wert von k_1 in die Gleichung (1) eingestellt wird.

Die Resultate sind indessen nicht zuverlässig. Die Beschaffenheit des Bodens ist so verschieden, daß man niemals weder für V_1 noch für k_1 sichere Werte erhalten kann. Das Wasser sickert durch zahllose Kanäle oder Adern, welche weder gleiche Richtung noch gleichen Durchmesser haben; oft werden die Wasserpartikel aufwärts oder abwärts, nach den Seiten, vielleicht sogar rückwärts gedrängt. In gewissen Adern ist die Geschwindigkeit mehrmals so groß als in anderen. Man riskiert deshalb stets, daß die Salzlösung den geräumigsten und schnellsten Weg zwischen den Brunnen wählt, d. h. daß der für V_1 gefundene Weg den Durchschnittswert übersteigt. Aus diesen Gründen hat sich weder Thiems Methode noch eine der sonstigen, welche eine direkte Messung der Stromgeschwindigkeit ins Auge fassen, eingebürgert.[1]

Berechnung der Geschwindigkeit.

Da es also nicht möglich ist, mit größerer Genauigkeit die Geschwindigkeit eines Grundwasserstromes zu messen, wollen wir versuchen, dieselbe auf theoretischem Wege zu berechnen.

Beim Fließen des Wassers in einem gewöhnlichen Fluß wird die Durchschnittsgeschwindigkeit berechnet nach der Formel

$$V = C \sqrt{RJ},$$

wobei $R = \dfrac{A}{O} = $ dem Verhältnis zwischen der Querschnittsfläche A

und dessen benetztem Umfang O oder dem sog. hydraulischen Radius,

$J = $ der spezifischen Neigung des Wasserspiegels oder dessen Gefälle pro Längeneinheit, sowie

$C = $ einem Koeffizienten, welcher von der Beschaffenheit des Flußbettes sowie von R abhängig ist.

Für einen gewissen Querschnitt kann man setzen

$$C = \sqrt{R} = C_1, \text{ also}$$

$$V = C_1 \sqrt{J},$$

---

[1] Dagegen kann man mit großem Vorteil im Wasser lösliche Stoffe benutzen, um eine direkte Verbindung zwischen einem Fluß und einem Brunnen oder zwischen zwei verschiedenen Grundwassergebieten festzustellen. Auf diese Weise hat man nicht nur beweisen können, daß verschiedene Quellen nichts anderes als in das Kalkgestein herabgesunkene Bäche sind, sondern auch, daß das Wasser mit einer Geschwindigkeit fließt, welche auf sehr geräumige unterirdische Kanäle hindeutet.

d. h. die Geschwindigkeit ist proportional der Quadratwurzel aus dem Gefälle.

Wenn dieser Fluß mit Sand gefüllt wird, so treten dieselben Umstände ein, welche in dem Grundwasserstrom vorhanden sind. Die Geschwindigkeit des Wassers wird erheblich vermindert. Die Reibung gegen die Seiten des Strombettes und dessen Sohle ist verschwindend im Vergleich zu dem Widerstande, welcher bei der Strömung des Wassers durch die feinen unregelmäßigen Kanäle zwischen den Sandkörnern überwunden werden muß. Der Widerstand muß durch eine gewisse Druckhöhe überwunden werden; trotzdem die Geschwindigkeit vermindert wird, erhöht sich das Gefälle des Wasserspiegels.

Darcys Gesetz. D a r c y hat auf experimentellem Wege gefunden, daß, wenn Wasser in vertikaler Richtung durch ein mit Sand gefülltes Gefäß

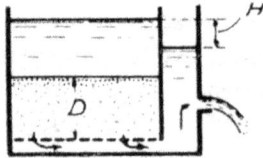
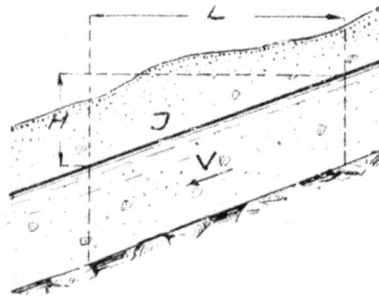

Fig. 14.   Fig. 15.

(Fig. 14) filtriert wird, die Geschwindigkeit proportional der verbrauchten Druckhöhe H und umgekehrt proportional der Tiefe D des Sandbettes ist:

$$. V = k \cdot \frac{H}{D},$$

wobei $k =$ einem Koeffizienten, dessen Größe von der Beschaffenheit des Sandes abhängig ist.

Das gleiche Gesetz muß natürlich für die Bewegung des Wassers in horizontaler Richtung gelten. Wenn wir also anstatt D die Länge L setzen, so wird in einer mit Sand gefüllten Stromrinne (Fig. 15)

$$V = k \frac{H}{L},$$

oder $$V = k \cdot J \ \ldots \ldots \ldots \ldots \ldots (4)$$

Die Geschwindigkeit des Grundwassers ist also proportional J, anstatt daß die Geschwindigkeit des Tagwassers proportional $\sqrt{J}$ ist. Sie ist abhängig von der Beschaffenheit des Sandbettes, aber nicht von deren Tiefe oder sonstigen Abmessungen.

Setzt man diesen Wert für V in die Gleichung (2) ein, so erhält man

$$Q = k \cdot A J \ldots \ldots \ldots \ldots \ldots (5)$$

Um den Wert von k zu erhalten, nehmen wir einen Pumpversuch an einem Brunnen oder einer Sammelleitung vor. Der Brunnen bildet dann einen neuen Rezipienten, welcher das Wasser von einem begrenzten Teil des Stromgebiets erhält. Innerhalb dieses Gebietsteiles wird ein neuer Gleichgewichtszustand geschaffen. Der Wasserspiegel wird gesenkt, die Richtung, Tiefe und Geschwindigkeit des Stromes werden verändert. Wir finden die Größe des Querschnitts und des Gefälles, welche der geförderten Wassermenge entsprechen (S. 25) und berechnen daraus den Wert des Koeffizienten k. Ist dieser Wert für den gesamten Grundwasserstrom gültig, so erhalten wir dessen totale Ergiebigkeit Q aus der Gleichung (5).

Wir wollen also den Einfluß untersuchen, welchen ein Brunnen auf das Niveau, die Richtung und die Geschwindigkeit des umliegenden Grundwassers ausübt, und gehen zunächst von folgenden Voraussetzungen aus:

1. Der Grundwasserspiegel ist frei.
2. Die natürliche Geschwindigkeit des Grundwassers ist $= 0$.
3. Der Grundwasserspiegel innerhalb des Gebietes, aus welchem das Wasser nach dem Brunnen strömt, ist vor Beginn des Pumpens horizontal.
4. Der Grundwasserstand außerhalb dieses Gebietes wird durch das Pumpen nicht beeinflußt.
5. Die Sohle des Stromes, d. h. die unterhalb desselben befindliche undurchlässige Schicht, ist in ihrer Oberfläche horizontal.
6. Der Brunnen führt bis auf die Sohle des Stromes hinab und läßt das Wasser durch Öffnungen auf seiner ganzen zylindrischen Fläche durch.
7. Die Beschaffenheit des durchlässigen Bodens ist homogen.

Allgemeine Voraussetzungen.

Die Veränderungen des Wasserstandes in der Umgebung des Brunnens beobachtet man in Röhrenbrunnen, welche parallel mit der Stromrichtung und rechtwinklig zu derselben angeordnet sind (Fig. 16).

Vollkommener Brunnen in freiem Strom.

Beim Beginn des Pumpens tritt sofort eine Senkung des Wasserstandes im Brunnen ein; allmählich sinkt der Wasserstand auch in den Beobachtungsröhren. Mit dem Fortschreiten des Pumpens sinkt der Wasserspiegel in immer weiterer Entfernung in sämtlichen Brunnen und es vermindert sich die geförderte Wassermenge. Nach einiger Zeit tritt ein Beharrungszustand ein: die Wassermenge bleibt konstant, ebenso der Wasserstand in den Brunnen. Die Senkung ist am größten in dem Pumpbrunnen, breitet sich gleichförmig nach allen Richtungen aus und nimmt mit der Entfernung ab, bis sie schließlich aufhört; der Wasserspiegel bildet einen »Trichter«, dessen Spitze im Brunnen liegt und dessen Oberkante von der Senkungsgrenze gebildet wird, die unter den vorstehend gegebenen Voraussetzungen einen Kreis mit dem

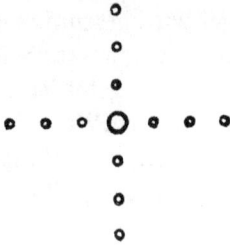

Fig. 16.

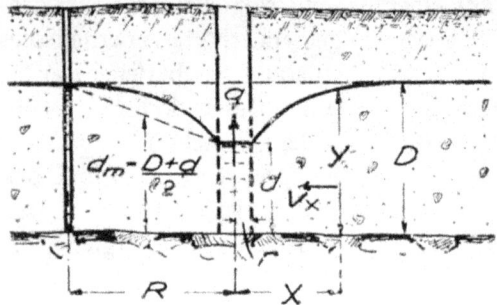

Fig. 17.

Brunnen als Mittelpunkt bilden wird. Der Senkungsradius ist $= R$, der Radius des Brunnens $= r$, die Tiefe des Grundwassers $= D$ an der Senkungsgrenze und d im Brunnen (Fig. 17).

An der Senkungsgrenze ist die Geschwindigkeit des Wassers $= 0$, unmittelbar innerhalb derselben beginnt die Senkung des Brunnenspiegels sich jedoch geltend zu machen und jedes Wasserteilchen sucht denselben

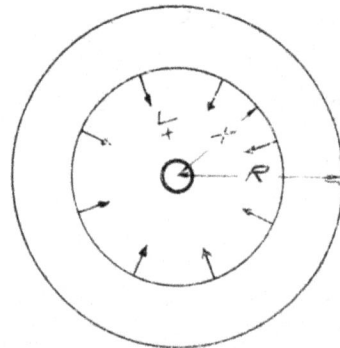

Fig. 18.

auf kürzestem Wege, also in radialer Richtung zu erreichen. Alle in derselben Senkrechten sich befindende Wasserteilchen erhalten dieselbe Richtung, alle in gleicher Entfernung vom Brunnen sich befindende Teilchen dieselbe Geschwindigkeit.

Denkt man sich den Brunnen in gewisser Entfernung x (Fig. 17 u. 18) von einem vertikalen Zylinder umgeben, so müssen alle in der Fläche desselben sich befindende Teilchen mit gleicher Geschwindigkeit v_x fließen.

Je näher am Brunnen man sich einen solchen Zylinder denkt, desto mehr vermindert sich sowohl dessen Höhe wie sein Umfang, also seine durchlassende Fläche, und desto größer muß die Geschwindigkeit des Wassers werden. Der Widerstand wächst mit der Geschwindigkeit und die Erhöhung des Widerstandes hat ein stärkeres Gefälle zur Folge;

demnach muß das Gefälle der Senkungskurve in dem Verhältnis größer werden, wie sich die Entfernung von dem Brunnen vermindert.

Studieren wir jetzt die Bewegung des Wassers in der Zylinderfläche in der Entfernung x von der Mittellinie des Brunnens. Der Umfang des Zylinders ist $= 2\pi x$, seine Höhe $= y$, seine Fläche also $2\pi x y$. Die Geschwindigkeit des Wassers, auf die ganze Fläche gerechnet, ist v_x, die Neigung der Senkungskurve $= \dfrac{dy}{dx}$.

Die geförderte Wassermenge ist
$$q = 2\pi x y \cdot v_x,$$
also
$$v_x = \frac{q}{2\pi x y}.$$

Nach Gleichung (4) ist
$$v_x = k \cdot \frac{dy}{dx},$$
also ist
$$\frac{q}{2\pi x y} = k \cdot \frac{dy}{dx},$$
und
$$\frac{dy}{dx} = \frac{q}{2\pi x y \cdot k} \quad \cdot \quad \cdot \quad \cdot \quad \cdot \quad \cdot \quad \cdot \quad (6)$$

Für
$$x = r \text{ ist } y = d,$$
für
$$x = R \text{ ist } y = D.$$

Durch Integration erhält man
$$q = \frac{\pi \cdot k (D^2 - d^2)}{\ln \dfrac{R}{r}} \quad \cdot \quad \cdot \quad \cdot \quad \cdot \quad \cdot \quad \cdot \quad (7)$$

Diese Gleichung kann auch geschrieben werden
$$q = \frac{2\pi k \dfrac{(D+d)}{2}(D-d)}{\ln R - \ln r}.$$

$\dfrac{D+d}{2}$ ist $=$ dem arithmetischen Mittel zwischen D und d und drückt also die Durchschnittstiefe des Grundwassers aus, wenn man annimmt, daß die Absenkungskurve eine gerade Linie bildet (Fig. 17), und $D - d =$ der Senkung im Brunnen.

Setzt man
$$\frac{D+d}{2} = d_m$$

und

$$D - d = s,$$

so erhält man

$$q = \frac{2\pi k \cdot d_m \cdot s}{\ln R - \ln r} \quad \cdot \quad \cdot \quad \cdot \quad \cdot \quad \cdot \quad \cdot \quad (8)$$

Aus dieser Gleichung findet man k, und aus Gleichung (5) berechnet man sodann Q.

Ob der Radius des Brunnens groß oder klein ist, ist r doch stets verschwindend klein gegenüber R. Die Größe des Brunnens übt demnach einen sehr geringen Einfluß auf seine Ergiebigkeit aus, vorausgesetzt, daß er nicht so klein ist, daß die Zuflußgeschwindigkeit ein gewisses Maß übersteigt.

Ebenso ist auch eine Änderung von R nur von geringer Einwirkung. Wenn z. B. R von 500 auf 1000 m erhöht wird, so wächst $\ln R$ von 6,2 auf 6,9, d. h. nur um 11%.

Für Überschlagberechnungen kann man demnach annehmen, daß $(\ln R - \ln r)$ einen konstanten Wert hat, und setzen

$$\frac{2\pi k}{\ln R - \ln r} = b,$$

und demnach

$$q = b \cdot d_m \cdot s \quad \cdot \quad \cdot \quad \cdot \quad \cdot \quad \cdot \quad \cdot \quad \cdot \quad \cdot \quad (9)$$

Die Ergiebigkeit des Brunnens ist also proportional der mittleren Wassertiefe des Absenkungsgebietes sowie der Senkung des Wasserspiegels im Brunnen.

In Wirklichkeit ist die Absenkungskurve oft sehr unregelmäßig, weshalb Absenkungsgrenze und Radius schwer mit Genauigkeit zu bestimmen sind. Man kann dann k mit Hülfe der Senkung des Wasserstandes berechnen, welche zwischen zwei in bestimmtem Abstand vom Brunnen belegenen Beobachtungsrohren eintritt.

Wenn z. B.

$$x = a_1, \; y = d_1,$$

und

$$x = a_2, \; y = d_2 \quad \text{(Fig. 19)},$$

so erhält man durch Integration der Gleichung (6)

$$q = \pi k \frac{(d_2{}^2 - d_1{}^2)}{\ln a_2 - \ln a_1}$$

oder

$$q = \frac{2\pi k \dfrac{(d_2 + d_1)}{2} (d_2 - d_1)}{\ln a_2 - \ln a_1}$$

oder

$$q = \frac{2\,\pi\,k}{\ln a_2 - \ln a_1} \cdot d_m \cdot s.$$

Setzt man auch hier

$$\frac{2\,\pi\,k}{\ln a_2 - \ln a_1} = b,$$

so erhält man

$$q = b \cdot d_m \cdot s \quad \ldots \ldots \ldots \ldots (10)$$

was identisch ist mit der Gleichung (9).

Wenn wir anstatt eines vertikalen Brunnens eine horizontale Sammelleitung von 1 m Länge anordnen, so ist unter vorstehenden Voraussetzungen die Berechnung folgende (Fig. 20): Sammel-leitung.

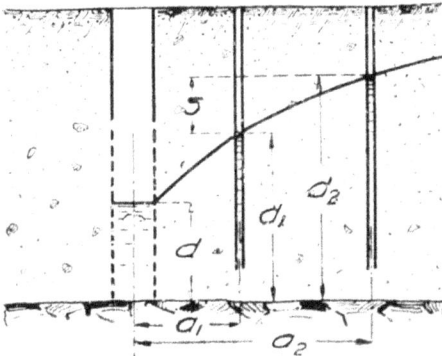 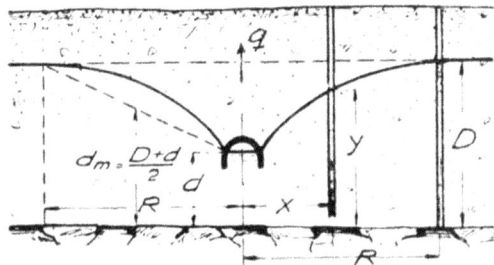

Fig. 19.   Fig. 20.

Die Absenkungsgrenze liegt in R Meter Abstand von der Leitung. In der Entfernung x ist die Tiefe des Stromes $= y$, sein Querschnitt $= ly$, entsprechend einer Stromgeschwindigkeit $= v_x$. Von jeder Seite strömt hinzu

$$q = ly \cdot v_x.$$

$$v_x = k \cdot \frac{dy}{dx} = \frac{q}{ly},$$

$$\frac{dy}{dx} = \frac{v_x}{k} = \frac{q}{k \cdot ly};$$

für $x = 0$ ist $y = d$,

für $x = R$ ist $y = D$.

Durch Integration erhält man

$$q = k \cdot l\,\frac{(D^2 - d^2)}{2R} = \frac{kl}{R}\,\frac{(D + d)}{2}\,(D - d) = \frac{kl}{R} \cdot d_m \cdot s.$$

Setzt man $\dfrac{kl}{R} = b$, so erhält man

$$q = b \cdot d_m \cdot s \ldots \ldots \ldots \ldots (11)$$

Wir werden jetzt untersuchen, in welchem Maße diese Resultate durch Veränderungen der vorstehenden Voraussetzungen beeinflußt werden (S. 23).

Brunnen in artesischen Strömen. 1. **Wenn der Grundwasserstrom keinen freien Wasserspiegel hat**, sondern unter einer undurchlässigen Schicht eingeschlossen und also, wie man sagt, artesisch ist, so stellt sich der Wasserstand wie in Fig. 21.

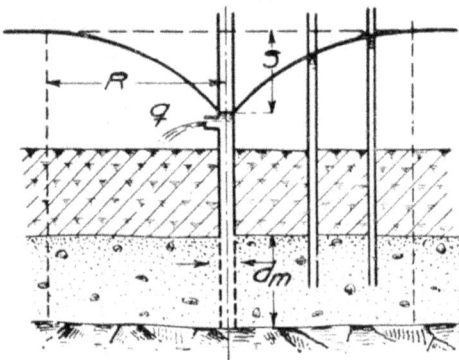

Fig. 21.

Die Berechnung ist dieselbe, wie wenn der Strom freien Wasserspiegel hätte, sie wird indessen durch die Annahme vereinfacht, daß die Tiefe des Grundwasserstromes konstant $= d_m$ ist. Anstatt der Gleichung (7) erhält man

$$q = \frac{2\,\pi \cdot k \cdot d_m}{\ln R - \ln r}\, s \quad \cdot \ \cdot \ (12)$$

Auch hier können wir bei Überschlagberechnungen einen konstanten Wert von $\ln R - \ln r$ setzen, also

$$\frac{2\,\pi k \cdot d_m}{\ln R - \ln r} = b,$$

und

$$q = b \cdot s. \ \ldots \ldots \ldots \ldots (13)$$

Die Ergiebigkeit eines artesischen Brunnens ist also proportional der Senkung des. Wasserspiegels.

Für $s = 1$ m ist $q = b$; b ist also die Wassermenge, welche der Brunnen bei jeder Senkung des Wasserspiegels um 1 m liefert und heißt aus diesem Grunde die **spezifische Ergiebigkeit des Brunnens**.

In dieser Berechnung haben wir angenommen, daß das gespannte Niveau des Grundwasserspiegels oder die artesische Steighöhe unmittelbar neben dem Brunnen dem Wasserspiegel im Brunnen gleich ist. Beim Steigen des Wassers im Brunnen entsteht indessen ein gewisser Reibungswiderstand, zu dessen Überwindung eine bestimmte Druckhöhe h (Fig. 22) erforderlich ist, welche man bei tiefen Rohrbrunnen mit in Berechnung zu ziehen hat. h wird nach der bekannten Formel

$$h = \frac{a\,q^2\,l}{d^5}$$

berechnet, wo $l =$ der Länge des Rohres zwischen dem gelochten Teil und dem Wasserspiegel ist. Die wirkliche Senkung des Grundwasserstandes ist demnach nicht der beobachtete Höhenunterschied H zwischen der ursprünglichen Steighöhe und dem Wasserstande im Brunnen, sondern

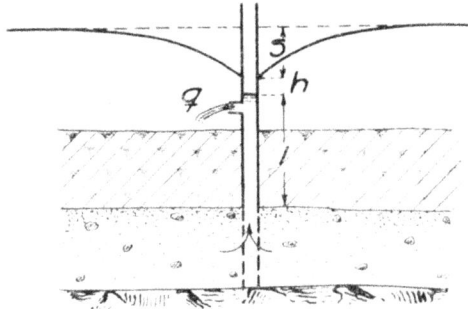

Fig. 22.

$$s = H - h,$$

und das Zuflußniveau des Grundwassers liegt h meter über dem Abflußniveau des Brunnens.

2. Wenn die natürliche Geschwindigkeit des Grundwassers nicht $= 0$ ist, so wird die Zuströmung oberhalb des Brunnens beschleunigt, unterhalb desselben vermindert, rechtwinkelig zur Stromrichtung unverändert. Man nimmt gewöhnlich an, daß die Veränderungen sich aufheben, daß also der Gesamtzufluß der gleiche wird, wie wenn das Grundwasser ein ruhendes wäre. Diese Annahme ist natürlich unrichtig, denn da die Ergiebigkeit des Stromes unterhalb des Brunnens durch das Pumpen vermindert wird, muß entweder seine Geschwindigkeit oder seine Tiefe abnehmen. *Natürliche Geschwindigkeit des Grundwassers beeinflußt die Berechnung.*

3. Diese Voraussetzung ist nur dann richtig, wenn die Geschwindigkeit $= 0$ ist, d. h. wenn der Brunnen in ein Becken von so bedeutenden Abmessungen gestellt ist, daß der Grundwasserspiegel horizontal ist. Einer bemerkbaren Geschwindigkeit entspricht dagegen eine gewisse Neigung, und der natürliche Wasserstand muß daher in einem Brunnen höher sein, als in einem Querschnitt unterhalb (talwärts) desselben. *Der Grundwasserspiegel ist nicht horizontal.*

4. Da die Ergiebigkeit des Stromes sich mit der aus dem Brunnen geförderten Wassermenge q vermindert, nämlich bis auf $Q - q$, so muß entweder das Gefälle oder die Wassertiefe in entsprechendem Grade vermindert. *Der Grundwasserstand wird vermindert.*

3*

mindert werden; **das Pumpen bewirkt eine allgemeine Absenkung des Wasserstandes um den Brunnen herum und unterhalb desselben, in gewissen Fällen auch oberhalb desselben.** Die vorstehend ausgeführten Berechnungen, welche sich auf einen unveränderten Wasserstand außerhalb der Senkungsgrenze des Brunnens gründen, sind daher unrichtig. Der Fehler ist ohne größere Bedeutung, wenn die allgemeine Absenkung im Vergleich zur Tiefe des Stromes unbedeutend ist, er kann jedoch unter entgegengesetzten Verhältnissen unangenehme Enttäuschungen ver-

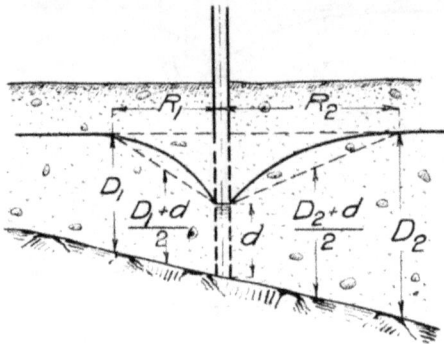

Fig. 23.

ursachen. Hierauf werden wir bei der Betrachtung der nächsten Berechnungsmethode (S. 35) zurückkommen.

Der Boden des Stromes ist nicht horizontal.

5. **Wenn die Sohle des Stromes eine geneigte Lage hat**, z. B. rechtwinkelig zur Stromrichtung (Fig. 23), so verändert sich die Form und Ausdehnung der Absenkungskurve, so daß die Durchschnittstiefe d_m und der Senkungsradius R an den beiden Seiten des Brunnens verschieden werden. In Wirklichkeit bedeutet dies nicht sehr viel, wenn nur die richtigen Durchschnittswerte in die vorstehend aufgeführten Gleichungen eingesetzt werden.

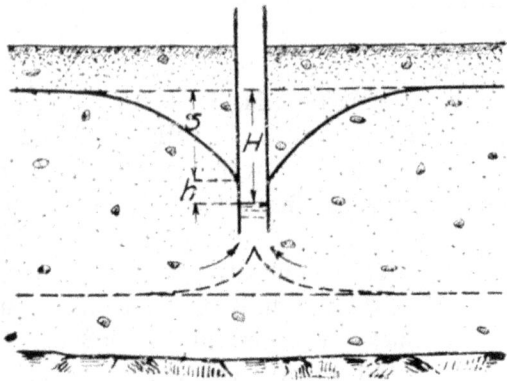

Fig. 24.

Unvollkommener Brunnen.

6. Ein Brunnen, welcher durch die ganze Sandschicht gebohrt ist und das Wasser an seiner gesamten Mantelfläche durchläßt, wird von A. T h i e m ein »vollkommener« Brunnen genannt. Ein »unvollkommener« Brunnen dagegen ist ein solcher, welcher im Sandbett endigt und nur durch seine Sohle Wasser empfängt (Fig. 24).

Nach T h i e m s Ansicht ist es nicht notwendig, daß der Brunnen bis auf die undurchlässige Schicht hinabgeht, denn auch ein unvollkommener Brunnen empfängt das Wasser von dem tiefsten Teil des Stromes, vorausgesetzt, daß die Sandschicht nicht zu feinkörnig oder zu mächtig ist. F o r c h h e i m e r versucht dagegen zu beweisen, daß der unter der punktierten Linie belegene Teil des Stromes von dem Brunnen unbeeinflußt bleibt. Welche Ansicht die richtige ist, läßt sich schwer entscheiden; bei der Berechnung soll man sicher gehen und von der ungünstigsten Annahme ausgehen. Für die vorliegende Berechnung ist es demnach am zweckmäßigsten, Thiems Theorie anzuwenden, denn wenn man in die Gleichung (9) einen zu hohen Wert für die Durchschnittstiefe d_m des Stromes einsetzt, so erhält man einen zu niedrigen Wert des Koeffizienten k.

Wenn das Wasser nur durch die Sohle des Brunnens einströmt, wird der Widerstand größer, als wenn sich die Wassermenge auch noch auf die ganze Mantelfläche verteilt. Jeder hydraulische Widerstand muß durch einen bestimmten Niveauunterschied überwunden werden, also muß der Wasserspiegel unmittelbar neben dem Brunnen höher sein, als innerhalb des Brunnens. Abgesehen von dem Druckverlust, welcher in tiefen Brunnen durch die Reibung entsteht (Fig. 22), tritt also in einem »unvollkommenen« Brunnen eine Senkung des Wasserspiegels im Verhältnis zu dem umliegenden Grundwasserstand ein. Die in dem Brunnen beobachtete Senkung H ist nur eine scheinbare; die wirkliche Senkung ist

$$s = H - h.$$

7. E i n v ö l l i g h o m o g e n e r B o d e n e x i s t i e r t n u r i n d e r T h e o r i e. Jedermann, welcher den Querschnitt eines fluviatilen noch so regelmäßigen Sandbettes gesehen hat, wird in der Ausdehnung, Schichtung und Korngröße der einzelnen Schichten sehr große Verschiedenheiten beobachtet haben. Unter solchen Umständen kann die Absenkungskurve niemals die regelmäßige Form erhalten, welche wir in Fig. 17 vorausgesetzt haben, sondern wird mehr oder weniger diskontinuierlich. Gewöhnlich wird die Kurve oberhalb des Brunnens, wo die Wasserteilchen ihre ursprüngliche Bewegungsrichtung fortsetzen, am gleichmäßigsten, und unterhalb des Brunnens, wo sie in eine entgegengesetzte Richtung hineingezwungen werden, am unregelmäßigsten. Es ist deshalb sehr schwer, aus dem Beobachtungsmaterial diejenigen Werte auszuwählen, welche zu einer richtigen Berechnung des Koeffizienten k führen.

Der Grund nicht homogen.

Bei dieser Gelegenheit ist auf die hydraulische Diskontinuität hin-
zuweisen, welche in einem solchen Boden entsteht, wo undurchlässige
oder schwerdurchlässige Bodenschichten den Strom in verschiedene
Etagen teilen. Wir wissen aus dem vorhergehenden, daß solche Zwi-

schenlager beim Bohren nicht immer bemerkt werden. Es kann vorkommen, daß ein Beobachtungsbrunnen nicht in dieselbe Etage hinab-
reicht, in welche der Pumpbrunnen hineingesenkt ist, und daß wir deshalb einen unrichtigen Schluß ziehen, wenn wir den unveränderten
oder unbedeutend gesenkten Wasserstand als einen Beweis dafür ansehen,
daß die Absenkungsgrenze erreicht ist. Wir müssen daher das Beobachtungsmaterial mit großer Vorsicht benutzen und verdächtige Ziffern lieber ausschließen; man kommt sonst leicht zu unrichtigen Resultaten. Zu bestimmen, ob zwei Brunnen der gleichen oder zwei verschiedenen Etagen angehören, ist auch für den erfahrenen Untersucher
nicht immer leicht. Eine gewöhnliche Methode ist, gleichzeitig zwei
nahe beieinander gelegene Brunnen so zu untersuchen, daß der eine
als Beobachtungsbrunnen dient, während aus dem anderen gepumpt
wird. Hat man festgestellt, daß getrennte Etagen vorhanden sind,
so gilt als allgemeine Regel, daß jede Etage besonders für sich behandelt wird, sofern es nicht feststeht, daß eine derselben nur so wenig ergiebig ist, daß sie unberücksichtigt bleiben kann.

Von besonderem Interesse ist der Fall, wo der Brunnen in eine
wasserführende Gesteinsart, z. B. Kalkstein hinabführt. Hier strömt
das Wasser zwar in zahlreichen mehr oder weniger feinen Kanälen,
die Verhältnisse sind jedoch nicht die gleichen wie in einem Sandbett,
und wir können deshalb nicht kritiklos Darcys Gesetz anwenden. In
vielen Fällen dürfte die Bewegung des Wassers mehr dem Durchfließen
einer Rohrleitung zu vergleichen sein, wobei V proportional zu $\sqrt{J}$,
anstatt zu J wird. Die Folge davon dürfte sein, daß die Ergiebigkeit
des Brunnens proportional zu $\sqrt{s}$, anstatt zu s wird. Wir werden weiter
unten (S. 43) hierauf zurückkommen und wollen hier nur bemerken,
daß die vorliegende Untersuchungsmethode — Berechnung der Durchschnittsgeschwindigkeit des Grundwassers mit Hilfe eines durch Pumpversuche erhaltenen Wertes des Koeffizienten k — aus leichtverständ-
lichen Gründen nicht auf Ströme im Kalkgestein, wo der Grund noch
weniger homogen als in einem Sandbett ist, angewendet werden kann.

Jeder Pumpversuch ist natürlich so lange fortzusetzen, bis ein
neuer Gleichgewichtszustand eingetreten ist. Indessen ist dies nicht
so notwendig, wenn wir den Koeffizienten k berechnen wollen, als wenn
wir die dritte der hier erwähnten Methoden anwenden, wobei die Wasser-

standsveränderungen in der Umgebung des Brunnens bei der Berechnung der Ergiebigkeit des Stromes zugrunde gelegt werden. Wird im letzterwähnten Fall das Pumpen zu früh unterbrochen, so erhält man einen zu hohen Wert von q und gewöhnlich auch einen zu niedrigen Wert von R, und beide Fehler führen zu einem zu hohen Wert von Q (S. 46). Der Wert von k wird dagegen nicht so sehr verändert, wenn in der Gleichung (8) q zu hoch gesetzt wird, falls nur auch d_m in gleichem Verhältnis überschätzt wird; die Hauptsache ist, daß die zufälligen Werte, welche einander entsprechen, in die Gleichung gesetzt werden.

Auf Grund dieser Betrachtungen hat G. T h i e m in seiner interessanten Abhandlung »Hydrologische Methoden« eine von seinem Vater und ihm selber benutzte Methode veröffentlicht, um den Koef-

fizienten k durch kurze Pumpversuche an mehreren über das Versuchsfeld verteilten Rohrbrunnen zu bestimmen. Es wird angenommen, daß der für einen bestimmten Brunnen erhaltene Wert von k innerhalb des halben Abstandes von jedem benach-

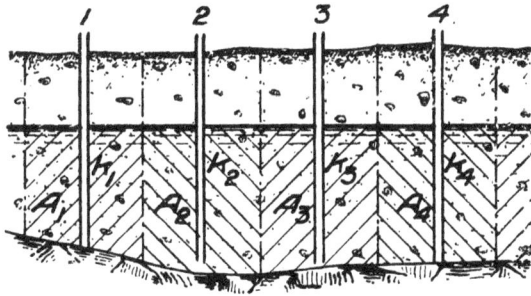

Fig. 25.

barten Brunnen Gültigkeit hat (Fig. 25). Auf diese Weise teilt er den Querschnitt des Stromes in verschiedene Felder nach der Gleichung (5).

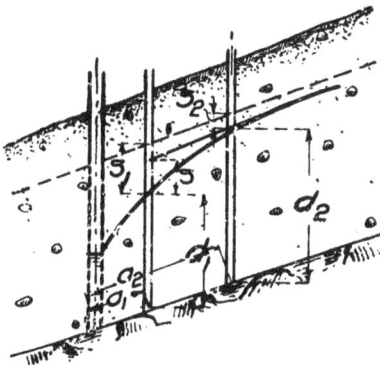

Fig. 26.

So wird z. B. das dritte Feld links von der vertikalen Mitte zwischen Brunnen 2 und 3, rechts von der vertikalen Mitte zwischen Brunnen 3 und 4 begrenzt. Ist der Flächeninhalt des Feldes $= A_3$ und das Gefälle des Wasserspiegels $= J_3$, so ist $Q_3 = k_3 \cdot A_3 \cdot J_3$, usw.

Den Wert von k erhält man durch mehrstündige Pumpversuche an den verschiedenen Brunnen, wobei die Senkung des Gundwasserspiegels in zwei oberhalb des Brunnens, am besten in der Stromrichtung belegenen Beobachtungsröhren (Fig. 26) gemessen wird.

Wenn der Abstand der Röhren von dem Brunnen a_1 und a_2, die Senkung s_1 und s_2, die entsprechende Wassertiefe d_1 und d_2, die geförderte Wassermenge q, und wenn die Sohle des Stromes mit dem Wasserspiegel parallel ist, so berechnet Thiem den Wert von k mit Hilfe folgender Gleichung:

$$k = \frac{q\,(\ln a_2 - \ln a_1)}{\pi\,(d_2 + d_1)\,(s_1 - s_2)} \quad \ldots \ldots \quad (14)$$

Der entsprechende Ausdruck für q ist, wenn $\dfrac{d_2 + d_1}{2} = d_m$ und $s_1 - s_2 = s$ gesetzt wird,

$$q = \frac{2\,\pi\,k\,\dfrac{(d_2 + d_1)\,s}{2}}{\ln a_2 - \ln a_1} = \frac{2\,\pi\,k}{\ln a_2 - \ln a_1} \cdot d_m \cdot s, \quad \ldots \quad (15)$$

welche Gleichung mit Gleichung (10) identisch ist.

Als Beispiel beschreibt Thiem eine von ihm ausgeführte hydrologische Untersuchung für die Stadt Prag, bei welcher er auf Grund eines je zehnstündigen Pumpversuches, den er mit durchschnittlicher Entnahme von 5 l/sk an zehn verschiedenen Rohrbrunnen ausführte, die Totalergiebigkeit des Grundwasserstromes auf 263 l/sk berechnet hat.

Diese Methode läßt in bezug auf Einfachheit und Billigkeit nichts zu wünschen übrig und muß als eine außerordentlich wertvolle hydrologische Hilfsmethode angesehen werden, mittels welcher man sich in kurzer Zeit und mit geringen Kosten eine ungefähre Kenntnis von der Ergiebigkeit des Stromes verschaffen kann. Sie bildet einen vortrefflichen Abschluß und eine Vervollständigung der Voruntersuchungen. Die Berechnung aber ausschließlich auf diese Methode gründen zu wollen, scheint mir gefährlich. Es würde von großem Interesse gewesen sein, wenn Thiem wenigstens mit einem Brunnen das Pumpen einige Wochen hindurch fortgesetzt hätte, so daß man auch in anderer Weise als durch theoretische Betrachtungen sich davon hätte überzeugen können, daß der Koeffizient k konstant beibehalten wird; man darf es niemand übelnehmen, wenn er von der Richtigkeit nicht überzeugt ist. Auch in qualitativer Hinsicht würde man zu einem zuverlässigen Ergebnis gelangt sein, wenn anstatt dessen e i n langer Pumpversuch mit z. B. 50 l/sk ausgeführt worden wäre, bei welchem man die möglicherweise durch die Absenkung des Grundwasserstandes entstehenden Veränderungen in der Beschaffenheit des Wassers hätte beurteilen können.

Überhaupt ist die Berechnung der Geschwindigkeit eines Grundwasserstromes sehr unsicher, was in der hier wiederholt hervorgehobenen ungleichförmigen Beschaffenheit des Bettes begründet ist. Auch wenn der durch Pumpversuche erhaltene Wert des Koeffizienten k für den von dem Brunnen beeinflußte Teil des Stromes richtig sein kann, ist es doch unsicher, ob er wirklich als ein zutreffender Durchschnittswert für den gesamten Strom betrachtet werden kann.

Berechnung der Wassermenge durch Beobachtung der Senkung des Wasserstandes beim Pumpversuch.

Gewöhnlich wird diese Methode so angewendet, daß man den Teil des Stromes bestimmt, welcher von dem Brunnen beeinflußt wird, und daraus die Wassermenge zu berechnen sucht, welche dem gesamten Strome entnommen werden kann.

Wir gehen zunächst von einer der Voraussetzungen aus, auf welcher wir im vorstehenden die Berechnung der Beziehungen zwischen der Ergiebigkeit des Brunnens und der Absenkung des Wasserspiegels basiert haben, daß nämlich der Wasserstand außerhalb der Senkungsgrenze unverändert beibehalten wird.

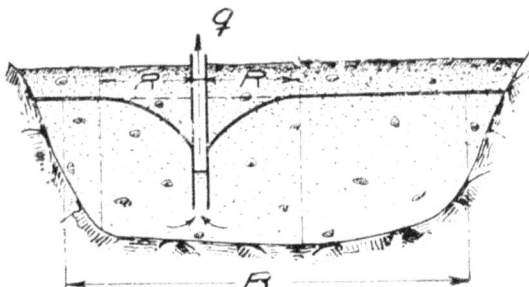

Fig. 27.

Wenn der Brunnen nach Eintritt des Beharrungszustandes eine konstante Wassermenge q liefert und die Senkung sich R m nach jeder Seite in einem zur Stromrichtung vertikalen Querschnitt erstreckt, so pflegt man anzunehmen, daß der Brunnen eine Strombreite von $2R$ m in Anspruch nimmt, sowie daß jedes Meter der Strombreite eine Wassermenge von $\frac{q}{2R}$ cbm liefert. Ist die Gesamtbreite des Stromes $= B$ (Fig. 27), so ist demnach seine gesamte Ergiebigkeit

$$Q = B \cdot \frac{q}{2R} \quad \ldots \ldots \ldots \quad (16)$$

Wird die Tiefe und Beschaffenheit des Stromes außerhalb des Senkungsbereiches verändert, so wirkt dies natürlich auf das Resultat ein. Wenn z. B. die Wassertiefe von 10 auf 8 m vermindert wird, so kann wohl eine entsprechende Korrektion in bezug auf die Wassermenge gemacht werden; verändert sich dagegen die Korngröße, Lagerung und Porosität des Sandes, was schwer zu beurteilen ist, so kann die wirkliche durchschnittliche Wassermenge pro m Strombreite be-

deutend geringer werden, als die berechnete. Man besitzt indessen verschiedene Mittel, um sich eine ungefähre Kenntnis von der Beschaffenheit des Bodens zu bilden, z. B. indem man in mehreren verschiedenen Brunnen den Koeffizienten k nach Thiems Methode bestimmt,
oder indem man die Wassermengen vergleicht, welche man in verschiedenen Brunnen bei kurzem Pumpen erhält, wobei der Wasserspiegel
sich überall gleich viel, z. B. um 1 m senkt. Besitzt der Strom eine
sehr große Breite, so empfieht es sich, zwei Pumpversuche in demselben
Querschnitt vorzunehmen.

Die Anwendung dieser Methode ist indes viel schwieriger, als es
scheint. Denn da der Grund niemals völlig homogen ist, so verläuft
die Senkungskurve auch niemals regelmäßig. Der Grundwasserspiegel
in einem vertikal zur Haupt-
richtung des Stromes ge-
nommenen Querschnitt stellt
sich aus der gleichen Ur-
sache nicht immer horizontal. Es ist deshalb oft sehr
schwer, durch Wasserstandsbeobachtungen die Lage der
Absenkungsgrenze, d. h. den
Wert von R, welcher in die
Gleichung(16)eingesetztwer-
den muß, genau festzustellen.

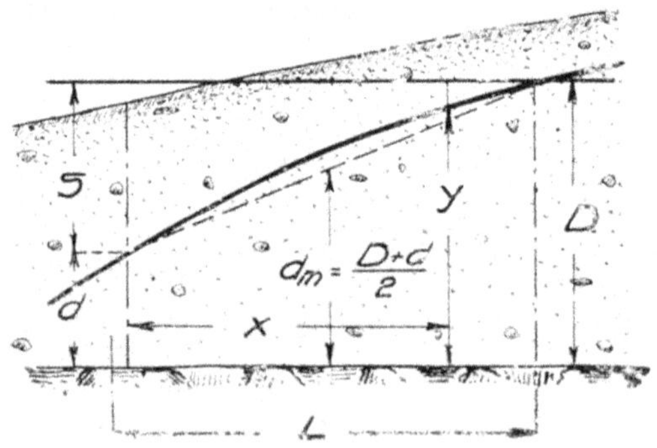

Fig. 28.

Ferner beruht die Berechnung auf einer niemals zutreffenden
Voraussetzung, daß nämlich der Grundwasserstand außerhalb der
Senkungsgrenze unverändert bleibt. Wie bereits oben erwähnt wurde,
ist dies ganz einfach unmöglich. Wenn die Wassermenge des Stromes
sich von Q auf $Q - q$ vermindert, m u ß eine allgemeine Senkung des
Grundwasserstandes eintreten. Für jeden in Anspruch genommenen
Brunnen senkt das Niveau sich immer mehr, die Tiefe des Stromes
vermindert sich und die Wassermenge pro m Strombreite nimmt ab.

Im folgenden werden wir die Faktoren zu erklären versuchen, von
denen die Niveauverhältnisse eines Grundwasserstromes abhängig sind.

Ein offener Strom, dessen Gefälle durch die Lage der undurchlässigen Sohle bestimmt wird, kann, falls diese genügende Neigung
besitzt, parallel mit derselben fließen. Man nimmt dann an, daß der
Grundwasserspiegel eine gerade oder gebrochene Linie bildet (*a* bis *b*
in Fig. 2).

Liegt der Boden horizontal oder ist seine Neigung ungenügend, so muß der Grundwasserspiegel eine Kurve bilden, denn da die Wassertiefe sich allmählich vermindert, muß die Neigung in entsprechendem Grade stärker werden.

Wir nehmen an, der Boden sei horizontal (Fig. 28).

Auf einer Strecke von L m Länge sinkt der Wasserspiegel, so daß die Tiefe sich von D auf d vermindert. In x m Abstand von der unteren Grenze sei die Tiefe $= y$. Wenn die Breite des Stromes B ist, wird sein Querschnitt By und seine Geschwindigkeit $v_x = k \dfrac{dx}{dy}$. Die Wassermenge, welche wir als unverändert beibehalten annehmen, wird dann

$$Q = k \, By \cdot \frac{dy}{dx}.$$

Für $\qquad\qquad x = 0$ ist $y = d$;

für $\qquad\qquad x = L$ ist $y = D$.

$$Q = k \cdot B \frac{D^2 - d^2}{2 L} = \frac{k \cdot B \dfrac{D + d}{2} (D - d)}{L}.$$

Setzt man

$$\frac{D + d}{2} = d_m, \; D - d = s,$$

so erhält man die Gleichung

$$Q = \frac{k \cdot B \, d_m \cdot s}{L}. \quad \ldots \ldots \ldots \text{(17)}$$

Zu demselben Resultat kommen wir, wenn wir annehmen, daß der Grundwasserspiegel eine gerade Linie bildet (die punktierte Linie in Fig. 28). Die mittlere Tiefe des Stromes ist dann

$$\frac{D + d}{2} = d_m,$$

der mittlere Flächeninhalt

$$B \, d_m,$$

die mittlere Geschwindigkeit

$$k \cdot J = \frac{K \cdot S}{L}$$

und die Ergiebigkeit

$$k \, \frac{B \, d_m \, S}{L}.$$

Ist der Strom artesisch, so wechselt das Gefälle mit der Mächtigkeit der wasserführenden Schicht. Nimmt man diese zwischen zwei Beobachtungspunkten unverändert an, so wird die Drucklinie eine gerade Linie.

Unter der Voraussetzung, daß die Beobachtungsbrunnen nicht in allzu großer Entfernung voneinander liegen, kann man ohne erwähnenswerte Fehler annehmen, d a ß d e r G r u n d w a s s e r s p i e g e l z w i s c h e n z w e i B r u n n e n i n d e r R i c h t u n g d e s S t r o m e s e i n e g e r a d e L i n i e b i l d e t.

Hierdurch werden in hohem Grade die hydrologischen Berechnungsmethoden vereinfacht. Da $J = \frac{S}{L}$, so wird für eine gewisse Wegstrecke die Geschwindigkeit des Stromes proportional zu S, d. h. zur Senkung des Wasserstandes. Wenn ferner die Querschnittsfläche konstant ist, so wird auch die Wassermenge proportional zu S.

L repräsentiert eigentlich die Länge des Stromes und ist deshalb bei geneigter Sohle etwas größer, als der horizontale Abstand zwischen zwei Brunnen, welcher $= L \cdot \cos \alpha$ wird (Fig. 29). Der Unterschied ist indessen so unbedeutend, daß er außer Betracht bleiben kann.

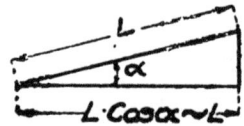

Fig. 29.

Nach Feststellung dieser allgemeinen Grundsätze wollen wir dieselben auf die verschiedenen Arten von Grundwasserströmen anwenden, nämlich

einen freien Strom mit freiem Wasserspiegel (a bis b in Fig. 2),
einen freien Strom mit aufgestautem Wasserspiegel (b bis d in Fig. 2),
einen artesischen Strom (Fig. 7).

Freier Strom mit freiem Wasserspiegel.

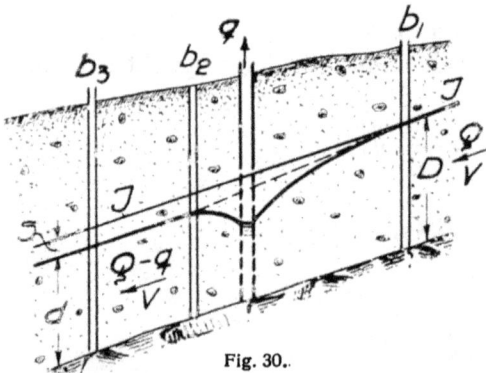

Fig. 30.

Wir nehmen an, daß Breite, Gefälle und Beschaffenheit der wasserführenden Schicht zwischen den Beobachtungsbrunnen b_1 und b_3 (Fig. 30) unverändert sind, sowie daß der Strom auf dieser Strecke keine neuen Zuflüsse empfängt. Oberhalb des Brunnens ist die Wassermenge $= Q$, das Gefälle des Wasserspiegels $= J$, die Stromgeschwindigkeit $= V$ und die Wassertiefe $= D$.

Um den Brunnen herum entsteht eine Senkung, von der angenommen wird, daß sie bei b_1 aufhört. Oberhalb dieses Punktes ist d e r u r s p r ü n g l i c h e W a s s e r s p i e g e l u n v e r ä n d e r t. Unterhalb des Brunnens, wo der ursprüngliche Spiegel gesenkt wurde, hört die lokale Senkung bei b_2 auf. Zwischen b_1 und b_2 wird angenommen, daß der Spiegel außerhalb des Senkungstrichters sich nach der punktierten Linie einstellt. Ein Querschnitt durch den Pumpbrunnen ist in Fig. 31 dargestellt.

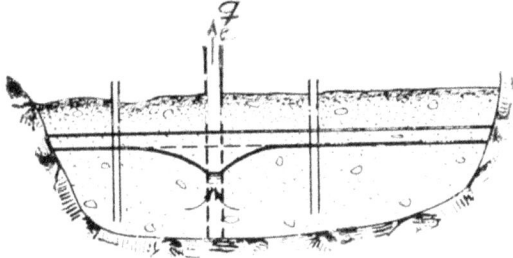

Fig. 31.

Der Grundwasserspiegel außerhalb des Senkungstrichters ist innerhalb des ganzen Querschnittes gesunken, am meisten jedoch in der Nähe des Brunnens.

Fig. 32 zeigt einen Querschnitt durch b_2, also gerade in der unteren Depressionsgrenze. Auch hier kann man eine etwas größere Senkung des Wasserspiegels in der Nähe des Brunnens konstatieren.

Fig. 33 zeigt einen Querschnitt weiter unten durch den Brunnen b_3. Hier ist der Höhenunterschied kaum merkbar; der Grundwasserspiegel kann als horizontal und die allgemeine Senkung als konstant $= s$ angenommen werden; die Wassermenge ist um q, also bis auf $Q - q$, die Wassertiefe um s also bis auf $D - s = d$ vermindert. Das Gefälle des Wasserspiegels ist nach wie vor parallel mit der

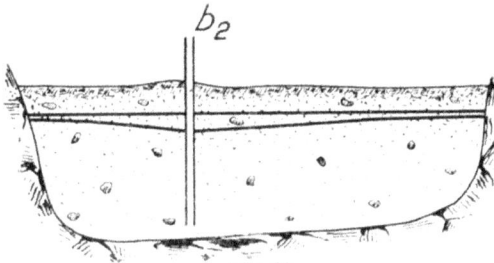

Fig. 32.

Sohle und $= J$ (Fig. 30), demnach ist die Geschwindigkeit unverändert $= V$.

Zwischen b_1 und b_3 liegt also das Gebiet, wo die lokale Einwirkung des Brunnens sich geltend macht; oberhalb b_1 ist der Wasserstand unverändert, unterhalb b_3 tritt eine über die ganze Breite des Stromes gleichmäßig verteilte Senkung ein.

Oberhalb b_1 ist nach der Gleichung (5)

$$Q = k \cdot B D \cdot J.$$

Unterhalb b_3

$$Q - q = k \cdot B d \cdot J;$$
$$\frac{Q - q}{Q} = \frac{d}{D};$$

$$Q = q \cdot \frac{D}{D-d} = q \cdot \frac{D}{s};$$

$$\frac{Q}{q} = \frac{D}{s}.$$

Man kann also setzen

$$q = c \cdot s \quad \dots \dots \dots \quad (18)$$
$$Q = c \cdot D \quad \dots \dots \dots \quad (19)$$

wo c eine konstante Menge ist, deren Größe aus der Gleichung (18) gefunden wird und welche darnach in die Gleichung (19) gesetzt wird, wobei man Q erhält.

Für

$$s = 1 \text{ m ist } q = c,$$

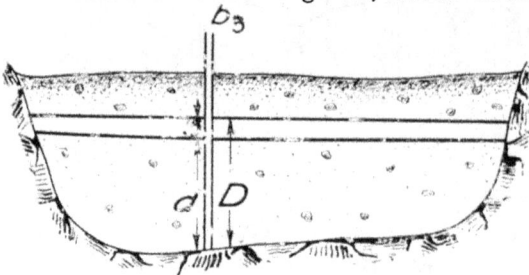

Fig. 33.

c ist also die Wassermenge, welche einer Senkung des Wasserstandes im Brunnen b_3 um 1 m entspricht und welche daher die **s p e z i f i s c h e E r g i e b i g k e i t d e s S t r o m e s** in diesem Querschnitt genannt werden kann.

Freier Strom mit aufgestautem Wasserspiegel.

Die gleichen Voraussetzungen gelten im übrigen wie im vorhergehenden Falle. Oberhalb des Brunnens wird das Gefälle des Wasserspiegels nicht mehr von dem Rezipienten, sondern von dem gesenkten Niveau im Querschnitt des Brunnens bestimmt; es tritt eine allgemeine Senkung des Wasserstandes ein. Die lokale Senkung erstreckt sich oberhalb des Pumpbrunnens bis b_1, unterhalb des Brunnens bis b_2 (Fig. 34). Unterhalb

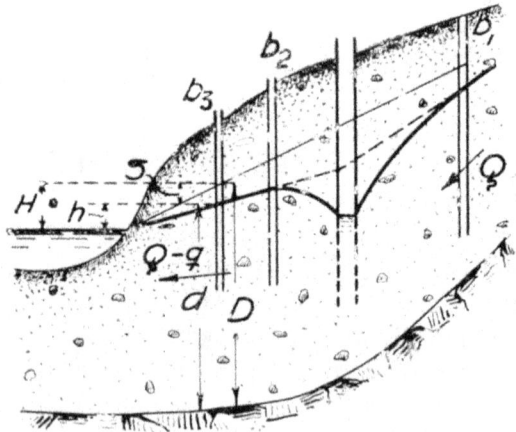

Fig. 34.

b_2 ist die Wassermenge bis auf $Q - q$ reduziert und das Gefälle infolgedessen vermindert, weshalb der Wasserspiegel überall gesenkt ist. In

dem Querschnitt durch b_3 (Fig. 35) hat der Grundwasserspiegel sich nahezu horizontal eingestellt. Der Wasserspiegel ist um s m gesunken, seine Höhe über dem Rezipienten hat sich von H auf h und die Tiefe des Stromes von D auf d vermindert.

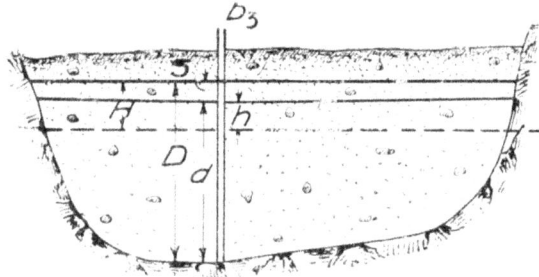

Fig. 35.

Die Wassermenge ist proportional dem Querschnitt des Stromes, d. h. seiner Tiefe und seinem Gefälle bzw. der Höhe des Grundwasserspiegels über dem Niveau des Rezipienten. Man kann also setzen

$$\frac{Q-q}{Q} = \frac{d}{D} \cdot \frac{h}{H}.$$

Setzt man $d = D - s$, so erhält man

$$Q = \frac{q}{s} \cdot \frac{H D}{D + h}. \quad \cdots \cdots \cdots (20)$$

Ist h klein im Vergleich zu D, kann man setzen

$$Q = q \cdot \frac{H}{s},$$

$$\frac{Q}{q} = \frac{H}{s};$$

$$q = c \cdot s \cdots \cdots \cdots \cdots (21)$$

$$Q = c \cdot H \cdots \cdots \cdots \cdots (22)$$

Für $h = 0$ ist $s = H$. Der Grundwasserspiegel ist dann mit dem Niveau des Rezipienten gesenkt und $q = Q$: die gesamte Wassermenge des Stromes ist nutzbar gemacht.

Artesischer Strom.

Hier sind die Verhältnisse viel einfacher, als in dem vorigen Falle. Der Senkungstrichter entsteht nicht innerhalb der wasserführenden Schicht, sondern gibt nur die Senkung der Steighöhe infolge der vermehrten Geschwindigkeit in der Umgebung des Brunnens an. In jedem Querschnitt außerhalb des Senkungstrichters stellt sich der manometrische Wasserspiegel horizontal, was durch die schnelle Fortpflanzung des Druckes verursacht wird. Oberhalb b_1 sinkt der Wasserspiegel parallel mit sich selbst, indem er sein ursprüngliches Gefälle J beibehält; unterhalb b_2 vermindert sich die Wassermenge von Q auf $Q - q$, das

Gefälle von J auf J_1 (Fig. 36). Die Wassermenge ist proportional dem Gefälle, d. h. dem Höhenunterschiede zwischen der Steighöhe des Wassers und dem Rezipienten. Wenn die Breite des Stromes $= B$, dessen Tiefe $= D$, so ist nach Gleichung (5)

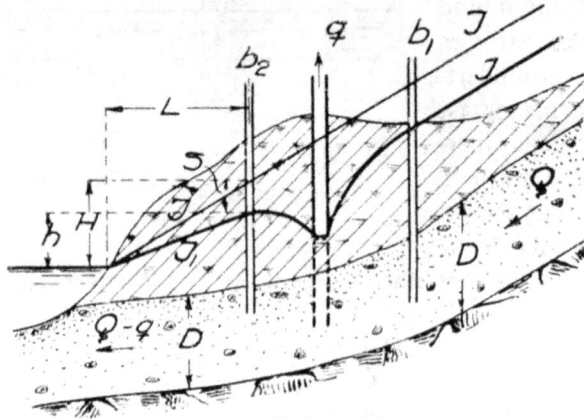

Fig. 36.

$$Q = k \cdot B D \cdot \frac{H}{L};$$

$$Q - q = k \cdot B D \cdot \frac{h}{L} = k \cdot B D \cdot \frac{H - s}{L};$$

$$q = \frac{B D k}{L} \cdot s;$$

$$Q = \frac{B D k}{L} \cdot H.$$

Setzt man $\dfrac{B D k}{L} =$ der Konstanten c, so erhält man

$$q = c \cdot s \dots \dots \dots \dots \dots (23)$$
$$Q = c \cdot H \dots \dots \dots \dots \dots (24)$$

wo $c =$ der spezifischen Ergiebigkeit des Stromes in dem Querschnitt b_2.

Die Wassermenge des Stromes kann im übrigen mit annähernder Sicherheit nur durch Beobachtung des Wasserstandes in dem Pumpbrunnen berechnet werden.

Vor dem Pumpen oder Ablassen steht der Wasserspiegel auf einer gewissen Höhe, welche mit dem freien Wasserspiegel im oberen Lauf des Stromes korrespondiert (Fig. 37).

Während des Pumpens sinkt der freie Wasserspiegel auf das niedrigere Niveau, welches durch die gesenkte Drucklinie im Querschnitt des Brunnens bestimmt wird. Beim Aufhören des Pumpens ist kein wirklicher »Trichter« vorhanden, der zu füllen ist, sondern der Wasserspiegel im Brunnen steigt schnell bis auf das Niveau, welches im Querschnitt des Brunnens besteht. Darauf steigt das Wasser langsam, solange sich das Magazin in dem freien Becken wieder füllt, und erreicht schließlich seine ursprüngliche Höhe. Den Unterschied zwischen dem unmittelbaren Eintritt und dem schließlichen Eintritt des Wasserstandes stellt annähernd die allgemeine Senkung s dar, welche infolge der Abzapfung q eingetreten ist, und man findet nun die spezifische Ergiebigkeit des Stromes im Querschnitt des Brunnens durch die Gleichung (23)

$$q = c \cdot s.$$

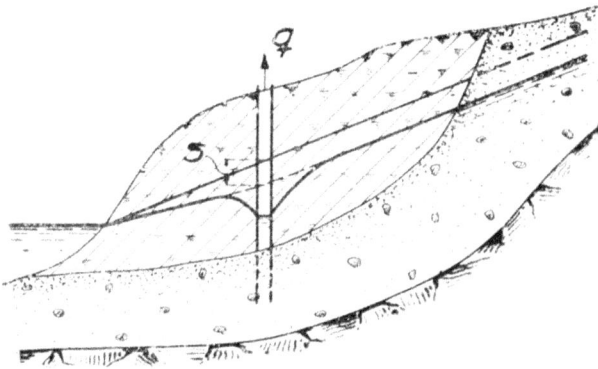

Fig. 37.

Selbstverständlich ist diese Berechnung etwas unsicher und kann nur als ungefähre Schätzung der Wassermenge angesehen werden.

Auf S. 32 ist hervorgehoben worden, daß, wenn ein Brunnen in Kalkgestein angelegt worden ist, man nicht ohne weiteres die für ein homogenes Sandbett geltenden Berechnungen zugrunde legen darf. Dasselbe gilt in bezug auf die Ergiebigkeit des Stromes. Wir wissen nicht, ob q proportional zu s wächst; eher müßte man wohl annehmen können, daß q proportional zu $\sqrt{s}$ ist.

Anstatt c aus der Gleichung (21, 23)

$$q = c \cdot s$$

zu berechnen, würde man dann setzen

$$q = c \sqrt{s}, \quad \dots \dots \dots \dots (25)$$

und anstatt der Gleichung (22, 24)

$$Q = c \cdot H$$

würde gesetzt werden

$$Q = c \sqrt{H}. \ldots \ldots \ldots \ldots (26)$$

Berechnet man Q nach diesen beiden Grundlagen, so erhält man die Grenzwerte, zwischen denen der richtige Wert liegen dürfte, und die Vorsicht gebietet uns, den niedrigsten zu wählen.

Wir haben also folgende Tatsachen festgestellt:

1. In einem freien Strom mit freiem Wasserspiegel bewirkt der Brunnen sowohl eine lokale Senkung der umliegenden Wasserstände, wie auch eine a l l g e m e i n e S e n k u n g u n t e r h a l b, aber nicht oberhalb des Brunnens.

2. In einem freien Strom mit aufgestautem Wasserspiegel sowie in einem artesischen Strom e r s t r e c k t s i c h d i e a l l g e m e i n e S e n k u n g ü b e r d a s g a n z e S t r o m g e b i e t.

3. In einem gewissen Abstand unterhalb des Brunnens ist die allgemeine Senkung so gut wie konstant innerhalb des ganzen Querschnittes und steht in einem bestimmten Verhältnis zur Ergiebigkeit des Stromes, welche auf Grund derselben berechnet werden kann.

Gestützt auf die Kenntnis dieser Tatsachen sehen wir auch ein, daß, wenn ein neuer Brunnen in Anspruch genommen werden oder die Wasserentnahme aus einem bestehenden Brunnen verstärkt werden soll, hierdurch eine Verminderung der Ergiebigkeit aller anderen innerhalb desselben Stromes gelegenen Brunnen verursacht wird. Eine kommunale oder private Grundwasseranlage kann ihren Wasservorrat nicht dadurch sichern, daß sie ein bestimmtes Gebiet außerhalb der Brunnen für unverletzlich erklärt, und eine G e s e t z g e b u n g i n d i e s e r A b s i c h t g e w ä h r t n u r u n v o l l s t ä n d i g e n S c h u t z. Ein einziger Brunnen kann unter gewissen Verhältnissen den allgemeinen Wasserstand bis zum Niveau des Rezipienten senken und somit den ganzen Strom auffangen.

Bedeutung der allgemeinen Senkung.

Durch Nichtbeachtung der notwendig eintretenden allgemeinen Senkung haben schon viele hydrologische Untersuchungen unrichtige Resultate ergeben. Hierzu hat oft auch beigetragen, daß der Untersuchende sich keine Kenntnis von den periodischen Schwankungen des Wasserstandes verschafft hat oder hat verschaffen können.

Die Ursache, weshalb die allgemeine Senkung so oft übersehen worden ist, dürfte wohl größtenteils darin zu suchen sein, daß diese äußerst langsam vor sich geht und sich dadurch der Aufmerksamkeit des Untersuchenden entzieht. In einem freien Strom ist auch lange Zeit erforderlich, bevor die lokale Senkung stattgefunden hat, und während dessen ist es hauptsächlich der Wasservorrat des »Trichters«, welcher in Anspruch genommen wird. Wenn z. B. der Senkungsradius 500 m, die Senkung im Brunnen 5 m und der Koeffizient k (S. 19) = 0,2 beträgt, so repräsentiert die Wassermasse des Trichters eine konstante Förderung von 200 l/sk während eines Monats. Die allgemeine Senkung verbreitet sich oft über 10, 20, 30 qkm und mehr und pflanzt sich sehr langsam fort. Man pflegt anzunehmen, daß eine Grundwasserwelle, d. h. ein plötzlicher Zuschuß an Wasser sich ungefähr ebenso schnell fortpflanzt, wie der Strom; wollen wir dasselbe in bezug auf eine plötzliche Verminderung annehmen, so währt es drei Monate, bevor ein Strom von 10 m Geschwindigkeit pro Tag 1 km unterhalb des Brunnens das Gleichgewicht erlangt hat. Es ist üblich, daß der Untersuchende bei der Beobachtung der Senkung des Wasserspiegels innerhalb des Trichters Vergleiche mit einem außerhalb desselben befindlichen Brunnen anstellt. Wenn es sich ergibt, daß nach wochenlangem Pumpen, wenn der Untersuchende bereits den Abschluß desselben herbeisehnt, der Wasserspiegel in einem Brunnen an der Grenze der lokalen Depression ganz langsam sinkt und ein genau ebensolches Sinken auch in dem außerhalb der Depressionsgrenze gelegenen Brunnen stattfindet, so wird die letztere Senkung oft einer periodischen Veränderung des Wasserstandes zugeschrieben, und man zieht den unrichtigen Schluß daraus, daß die relative Senkung = 0 ist. In einem artesischen Strom tritt der neue Gleichgewichtszustand weit schneller ein, denn wirkliche Massenveränderungen kommen nur in dem höher hinauf belegenen Teil des Stromes vor, welcher einen freien Wasserspiegel besitzt (Fig. 37).

Die vorstehend beschriebene Berechnungsmethode kann demnach in verschiedener Weise benutzt werden:

1. Die Ergiebigkeit des Stromes wird berechnet durch Beobachtung der l o k a l e n Senkung des Wasserstandes um den Pumpbrunnen herum, d. h. der Einwirkung des Brunnens in horizontaler Richtung, wobei sich ergibt, daß derselbe einen gewissen Teil der Breite des Stromes in Anspruch nimmt, oder

2. Die Ergiebigkeit des Stromes wird berechnet durch Beobachtung der a l l g e m e i n e n S e n k u n g des Wasserstandes unterhalb des Brunnens, d. h. der Einwirkung des Brunnens in vertikaler Richtung, wobei sich ergibt, daß derselbe entweder einen gewissen Teil der Tiefe

des Stromes oder auch einen gewissen Teil des Höhenunterschiedes
zwischen den Wasserspiegeln des Stromes und des Rezipienten in Anspruch nimmt.

Keine dieser Methoden gibt ein zuverlässiges Resultat, wenn das
Pumpen zu früh, d. h. bevor ein neuer Gleichgewichtszustand hat
eintreten können, unterbrochen wird und zwar nicht nur innerhalb des
lokalen Senkungsgebietes des Brunnens, sondern auch innerhalb des-
jenigen Stromteils, wo eine allgemeine Senkung entsteht.

Diese allgemeine Senkung kann unter gewissen Umständen so langsam stattfinden, daß die Untersuchung mit Rücksicht auf Zeit und
Kosten vor Eintritt des Gleichgewichtszustandes unterbrochen werden muß. Indessen ist es Pflicht des Hydrologen, vor allen Dingen
selber klar darüber zu werden, daß eine fortgesetzte allgemeine Senkung wirklich eintreten muß, und sodann in seinen Berechnungen nicht
nur auf diesen Umstand, sondern auch auf die Möglichkeit Rücksicht
zu nehmen, daß die Wassermenge sich in Zukunft durch Einwirkung
anderer Brunnenanlagen noch mehr vermindern kann.

Die erstere Methode ist anwendbar, wenn die allgemeine Senkung
im Vergleich zur Tiefe des Stromes unbedeutend oder wenn sie schwer
zu bestimmen ist, wie z. B. wenn der Brunnen in der Nähe der Strom-
mündung angelegt wird und der Grundwasserspiegel also in geringer
Höhe über dem Rezipienten liegt. Die Schwierigkeit besteht, wie oben
erwähnt (S. 36), teils darin, den richtigen Wert von $2\,R$, d. h. die Strombreite, welche für die Lieferung von Wasser an den Brunnen zu berechnen
ist, zu bestimmen, teils darin, zu entscheiden, ob der oberhalb der Senkungsgrenze belegene Teil des Stromes voraussichtlich einen ebenso
großen Beitrag, für den Meter Strombreite gerechnet, liefern wird.

Die andere Methode ist anwendbar, wenn die allgemeine Senkung
leicht zu bestimmen ist, also wenn der Grundwasserspiegel starkes
Gefälle besitzt oder hoch über dem Rezipienten liegt. Von Wichtigkeit
ist die Wahl eines geeigneten Punktes für die Beobachtung des in die
Gleichung (18, 21 und 23) einzusetzenden Wertes von s. Je weiter unterhalb des Pumpbrunnens wir die Senkung beobachten, desto gleichmäßiger ist sie über die ganze Strombreite verteilt und desto zuver-
lässiger wird die Berechnung; anderseits ist es jedoch klar, daß der
Gleichgewichtszustand dort später eintritt, als in der Nähe des Brunnens.
In der Senkungsgrenze des Brunnens oder gleich unterhalb desselben
ist s größer, als in den übrigen Brunnen in demselben Querschnitt,
und man geht sicher, wenn der dort erhaltene Maximalwert als mittlere Senkung des Querschnittes angenommen wird. In sehr breiten

Strömen ist es zweckmäßig, in zwei Brunnen desselben Querschnittes gleichzeitig Pumpversuche anzustellen.

Diese Berechnungsart eignet sich vortrefflich bei der Untersuchung artesischer Ströme, wo der Gleichgewichtszustand verhältnismäßig bald eintritt, sowie bei schmalen, stark abfallenden Strömen, wie sie in den schwedischen Osen fließen. In bezug auf Zuverlässigkeit ist sie der ersteren vorzuziehen. Auch wenn verschiedene Stromteile verschiedene Wassermengen führen, werden diese Verschiedenheiten unterhalb des Brunnens ausgeglichen. Wenn z. B. der außerhalb der Senkungsgrenze des Brunnens belegene Stromteil weniger Wasser führt, wird doch die allgemeine Senkung größer, als wenn der ganze Querschnitt völlig homogen wäre. Die Berechnungen gründen sich nicht auf die innerhalb eines kleinen Stromteils entstehenden Veränderungen, sondern auf diejenigen des ganzen Stromes.

Hierdurch wird man auch unabhängig von der Lage des oder der Brunnen. Es ist gleichgültig, ob das Wasser aus einem Brunnen abgelassen wird, oder aus mehreren, welche quer über einen Strom, an ihm entlang oder schräg hinüber angeordnet worden sind; die Hauptsache bleibt, daß eine gewisse Wassermenge oberhalb des Punktes, woselbst die Senkung des Wasserstandes beobachtet worden ist, abgelassen wird.

Unter allen Umständen handelt man klug, nach Vollendung der bleibenden Grundwasseranlage eine Anzahl von Beobachtungsröhren zur fortgesetzten Kontrolle des Wasserstandes beizubehalten. Man wird dabei in der Regel eine fernere Senkung, d. h. eine fortschreitende Verminderung des Wasservorrats konstatieren, und ein eventueller Wassermangel kommt nicht unvorbereitet, sondern kann zu rechter Zeit vorhergesehen und verhütet werden.

Berechnung der Wassermenge durch Beobachtung der Höhe des Wasserstandes bei künstlicher Infiltration.

Künstliche Infiltration ist nicht nur für die ständige Vermehrung der natürlichen Ergiebigkeit eines Grundwasserstroms, sondern auch bei Berechnung der Größe derselben zu verwenden. So wie das Pumpen eine der Größe der Wassermenge entsprechende Senkung des Wasserstandes bewirkt, so verursacht die Infiltration eine der Größe der Wassermenge entsprechende Erhöhung des Wasserstandes.

Es gibt Verhältnisse, die für einen Pumpversuch sehr ungünstig sind. Ist der Sand feinkörnig, so ist die Versandung der Brunnen schwer zu verhindern und jeder Brunnen liefert eine so geringe Menge, daß

das Pumpen gleichzeitig aus einer großen Zahl durch eine lange Saugleitung gekuppelter Brunnen stattfinden muß. Steht außerdem der
Grundwasserspiegel tief unter dem Terrain, so muß die Pumpe tief
gestellt und die Saugleitung tief verlegt werden. In diesem Fall kann
man die Quantitätsfrage vorteilhaft durch Infiltration von Oberflächenwasser lösen. Um die Qualität zu bestimmen, ist es natürlich
notwendig, zu pumpen, dies kann jedoch in geringerem Umfange oder
an anderer Stelle geschehen.

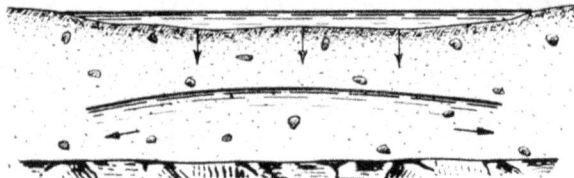

Fig. 38.

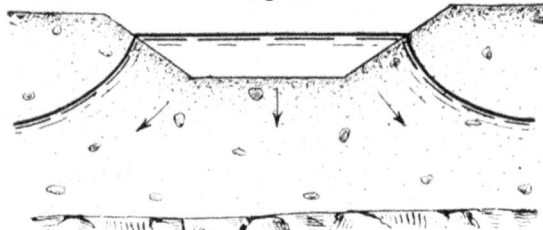

Fig. 39.

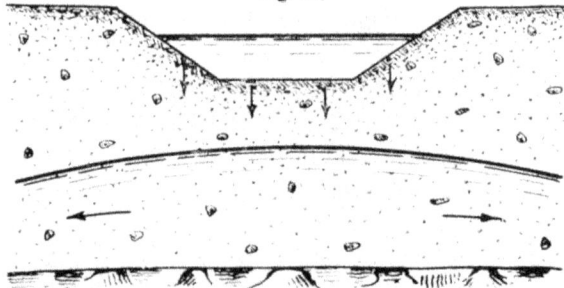

Fig. 40.

Wir können Flußwasser infiltrieren durch freie Überrieselung
(Fig. 38), durch ein zu reinigendes Becken (Fig. 39, 40) oder durch
einen Brunnen (Fig. 41). Das Wasser wird bei der Infiltration gereinigt oder fließt vorher durch ein Filter (Fig. 41).

Wir werden jetzt die Wirkung untersuchen, welche ein Infiltrationsbrunnen auf den umgebenden Wasserstand ausübt, und dabei von
denselben Voraussetzungen ausgehen, als wenn wir die Senkung des
Wasserstandes durch Pumpen berechneten (S. 23).

Die Wassermenge q strömt durch einen vollständigen Brunnen von r m Radius in den Boden (Fig. 42). Stromgeschwindigkeit, Gefälle und Wassertiefe nehmen mit der Entfernung vom Brunnen ab. Der Wasserspiegel wird konkav und berührt den natürlichen Wasserspiegel an der Erhöhungsgrenze, welche R m vom Brunnen entfernt liegt. Die Wasser-

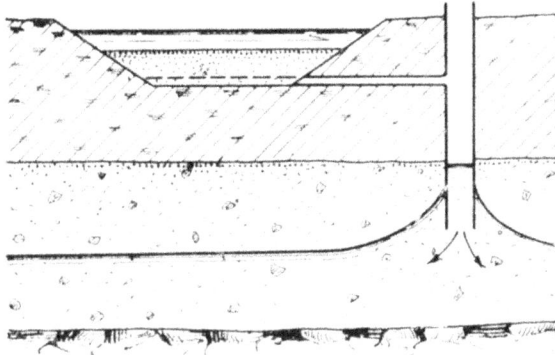

Fig. 41.

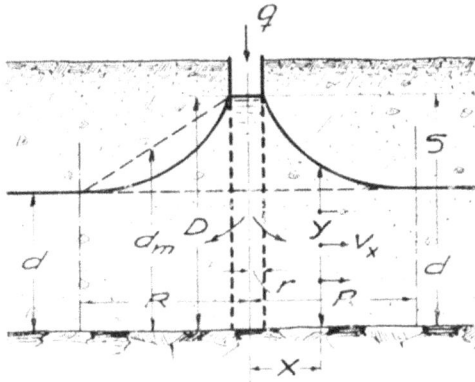

Fig. 42.

tiefe ist $= d$ und erhöht sich im Brunnen um s m, also bis $d + s = D$. In x m Entfernung vom Brunnen ist die Tiefe des Stromes $= y$, seine Querschnittsfläche $= 2 \pi x y$, das Gefälle $= \dfrac{dy}{dx}$, die Geschwindigkeit $= v_x$. Bei Zunahme von x wird y vermindert, also ist

$$v_x = - k \frac{dy}{dx}.$$

Für

$$x = 0 \ \text{ist} \ y = D,$$

für $x = R$ ist $y = d$.

$$\therefore q = \pi k \cdot \frac{D^2 - d^2}{\ln R - \ln r} = 2 \pi k \frac{\dfrac{D + d}{2} (D - d)}{\ln R - \ln r}.$$

Setzt man

$$\frac{D + d}{2} = d_m,$$

und

$$D - d = s,$$

so erhält man

$$q = \frac{2 \pi k}{\ln R - \ln r} d_m \cdot s . \quad . \quad . \quad . \quad . \quad . \quad (27)$$

Wenn $\ln R - \ln r$ als fast konstant angenommen wird, so kann man setzen

$$\frac{2 \pi k}{\ln R - \ln r} = b,$$

wo also $q = b \cdot d_m \cdot s$ . . . . (28)

Gleichung (27) ist identisch mit Gleichung (8).

Gleichung (28) ist identisch mit Gleichung (9).

Die Berechnungsmethode ist also dieselbe wie wenn der Wasserspiegel des Brunnens gesenkt wird. Die Gleichungen (10, 11, 13) können unverändert benutzt werden.

Die Ergiebigkeit des Grundwasserstroms kann durch Beobachtung der l o k a l e n   E r h ö h u n g des Wasserstandes um den Infiltrationsbrunnen oder durch Beobachtung der a l l g e m e i n e n   E r h ö h u n g des Wasserstandes berechnet werden.

Nach der ersteren Berechnungsmethode (Fig. 43) benutzen wir Gleichung (16).

$$Q = \frac{B \cdot q}{2 R}$$

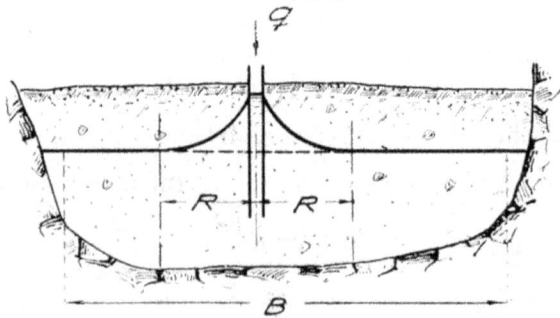

Fig. 43.

Die letztere Methode wird auf verschiedene Arten von Grundwasserströmen wie folgt angewendet:

Freier Strom mit freiem Wasserspiegel.

Oberhalb des Brunnens wird die Erhöhung bis b_1 angenommen
(Fig. 44). Hier ist die Wassermenge unverändert $= Q$, die Wassertiefe
$= d$, das Gefälle $= J$ und die Geschwindigkeit $= V$.

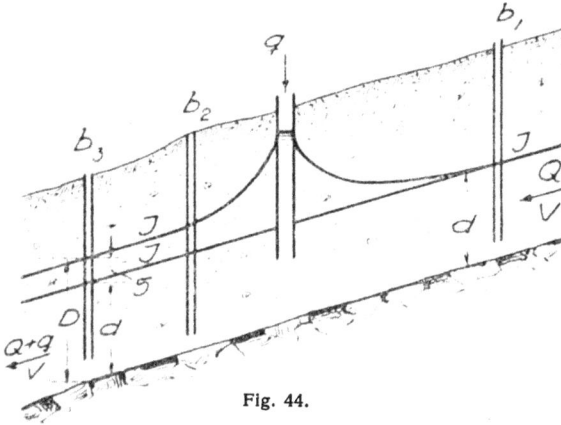

Fig. 44.

Unterhalb des Brunnens erstreckt sich die lokale Erhöhung bis
b_2; bei b_3 nimmt man den Stand des Grundwasserspiegels nahezu horizontal innerhalb des ganzen Querschnittes an. Die Wassermenge hat
sich auf $Q + q$, die Wassertiefe auf $d + s = D$ erhöht. Das Gefälle
ist nach wie vor parallel mit dem Strome, also $= J$; demnach ist die
Geschwindigkeit fortgesetzt $= V$.

Wir benutzen dann die Gleichung (18)

$$q = c \cdot s$$

und die Gleichung (19)

$$Q = c \cdot d,$$

wo $c =$ der spezifischen Ergiebigkeit des Stromes im Querschnitt b_3
oder der Wassermenge, welche der Erhöhung (oder Senkung) des
Wasserstandes um 1 m entspricht.

Freier Strom mit aufgestautem Wasserspiegel.

Oberhalb des Brunnens wird der Strom nicht mehr durch den
Rezipienten, sondern durch den erhöhten Grundwasserspiegel im Querschnitt des Brunnens aufgestaut (Fig. 45). Die lokale Erhöhung hört
bei b_1 auf, die allgemeine Erhöhung erstreckt sich über das ganze
aufgestaute Gebiet.

Unterhalb des Brunnens hört die lokale Erhöhung bei b_2 auf. Bei b_3 ist die allgemeine Erhöhung nahezu ausgeglichen. Die Wassermenge hat sich auf $Q + q$, die Tiefe auf $d + s = D$, die Höhe des Wasserspiegels über dem Niveau des Rezipienten auf $h + s = H$ erhöht.

In Übereinstimmung mit der Gleichung (20) wird

$$Q = \frac{q}{s} \cdot \frac{h\,d}{d + H}.$$

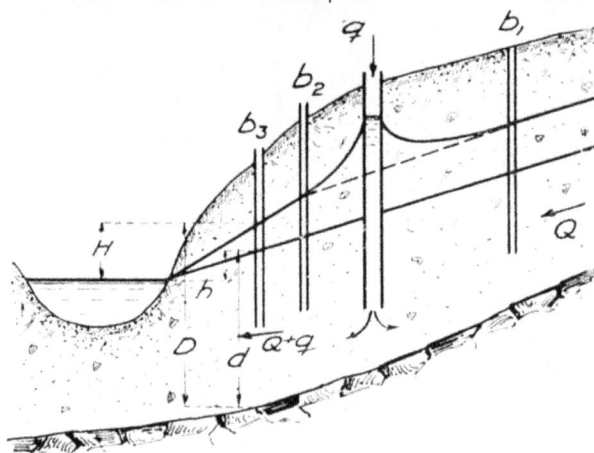

Fig. 45.

Wenn H im Vergleich mit d unbedeutend ist, erhalten wir in Übereinstimmung mit den Gleichungen (21, 22)

$$q = c \cdot s,$$
$$Q = c \cdot h,$$

wo $c =$ der spezifischen Ergiebigkeit des Stromes in dem Querschnitt b_3 ist.

Artesischer Strom.

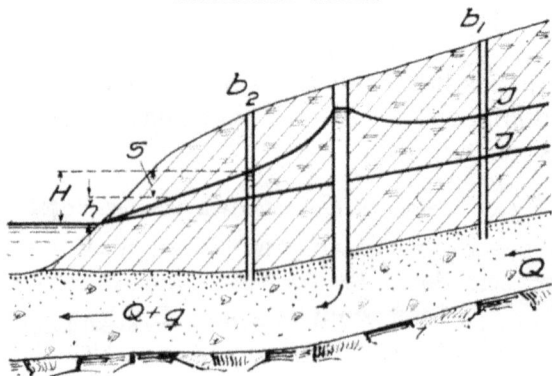

Fig. 46.

Oberhalb b_1 sind Q und J unverändert (Fig. 46). Bei b_2 hat sich die Wassermenge auf $Q + q$, die Höhe des Wasserspiegels über dem Rezipienten auf $h + s = H$ erhöht. In Übereinstimmung mit den Gleichungen (23, 24) erhält man

$$q = c \cdot s,$$
$$Q = c \cdot h,$$

wo $c =$ der spezifischen Ergiebigkeit des Stromes in dem Querschnitt b_2 ist.

Diese Methode ist übrigens besonders anwendbar in solchen Fällen, in denen man schon von Anfang an sich darüber klar ist, daß die Wassermenge früher oder später auf künstlichem Wege vermehrt werden muß. Es ist dabei von Wichtigkeit, festzustellen, einerseits, daß der Untergrund wirklich eine größere Wassermenge durchzulassen imstande ist, anderseits, daß die Beschaffenheit des Wassers nicht dadurch, daß der Wasserspiegel in bisher trockene Erdschichten emporsteigt oder auch durch Zuführung neuen Wassers verschlechtert wird. Durch Filtration des Oberflächenwassers und dessen langsame Strömung durch die Poren des Untergrundes verändern sich seine physikalischen, chemischen und biologischen Eigenschaften, jedoch erfordern diese Veränderungen lange Zeit; das Wasser muß erst eine gewisse Strecke zurückgelegt haben, bevor es in zufriedenstellendem Grade »veredelt« worden ist. Diese allmählichen Veränderungen müssen von Zeit zu Zeit durch Probeentnahmen in verschiedenen Abständen von der Versickerungsstelle untersucht werden. Hierauf werden wir in dem folgenden Abschnitt näher eingehen.

Künstliche Grundwasserherstellung.

Nur allzuoft ergibt die hydrologische Untersuchung ein negatives Resultat. Entweder zeigt sich, daß die Grundwassermenge den Bedarf nicht erreicht, oder sie ist so knapp, daß man mit Rücksicht auf die Unsicherheit der Untersuchungsmethoden und auf die vielen Faktoren, welche später darauf einwirken können, die Verwendung großer Summen für eine definitive Anlage nicht mit gutem Gewissen anraten kann. Man hat also die Wahl zwischen zwei Auswegen, entweder Filterbecken zur Reinigung des Oberflächenwassers zu bauen oder a u f k ü n s t l i c h e m W e g e d i e E r g i e b i g k e i t d e s G r u n d - w a s s e r s t r o m e s z u e r h ö h e n.

Die wichtigste Voraussetzung für die künstliche Grundwasserherstellung ist, daß die wasserführende Schicht genügende Mächtigkeit und Porosität besitzt, um auch das infiltrierte Wasser durchzulassen, und

Allgemeine Voraussetzungen.

ferner genügende Ausdehnung, damit dieses Wasser in zufriedenstellendem Grade »veredelt« werden kann, bevor es wiederum zutage tritt.

Schon als man die hydrologischen Grundbegriffe noch nicht kannte und also das Vorhandensein wirklicher unterirdischer Ströme nicht ahnte, waren verschiedene Wasserwerke auf die sog. natürliche Filtration gegründet (Fig. 1). Man legte am Ufer eines Flusses entlang eine Sammelgalerie an, senkte deren Wasserspiegel unter das Niveau des Flusses und glaubte, daß man auf diese Weise Flußwasser erhalten würde, welches in dem natürlichen Filterbette zwischen dem Ufer und der Galerie gereinigt worden sei. Die meisten derartigen Anlagen sind zwar mißlungen, mit planmäßiger Ausführung und vorsichtiger Bedienung ist die Methode jedoch nach wie vor für ihren ursprünglichen Zweck verwendbar.

In späteren Zeiten hat man eine andere Methode versucht, welche bereits im Zusammenhang mit der hydrologischen Untersuchung erwähnt wurde, nämlich die Infiltration in vertikaler Richtung. Das Oberflächenwasser wird nach einem Überrieselungsfelde geleitet, wo es auf der ganzen Fläche oder in flachen Gräben (Fig. 38) frei versickert, oder auch nach ·einem Infiltrationsbecken, welches bis unter den Grundwasserspiegel ausgehoben ist (Fig. 39) oder über demselben liegt (Fig. 40), oder schließlich nach einem Infiltrationsbrunnen (Fig. 41).

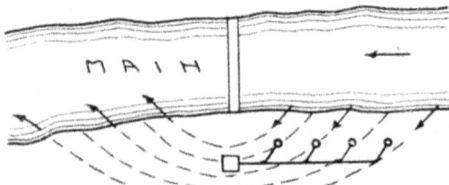

Fig. 47.

Ein schönes Beispiel natürlicher Filtration ist das Grundwasserwerk der Stadt Schweinfurt. Die Stadt liegt am Main, welcher hier durch ein altes Wehr aufgestaut ist (Fig. 47).

Von dem Main geht ein ständiger Strom oberhalb des Wehrs in das Ufer und unterhalb des Wehrs wieder in den Fluß hinein. Bei der Untersuchung, welche der Herstellung der auf der Skizze angedeuteten Brunnen vorausging, konnte man in den Beobachtungsbrunnen deutlich die allmähliche Verwandlung des Flußwassers in Grundwasser beobachten. Da das Wehr mehrere hundert Jahre alt ist, muß als erwiesen angesehen werden, daß die Geschwindigkeit des Flusses genügend ist, um das Bett freizuhalten. Das natürliche Filterbett wird auch in Zukunft funktionieren können, vorausgesetzt, daß es nicht allzusehr durch Entnahme aus den Brunnen angestrengt wird.

Der erste Hydrologe, welcher die natürliche Filtration einer wissen-
schaftlichen Behandlung unterzogen hat, war A. T h i e m. Er nahm
eine eingehende Untersuchung einer an der Ruhr entlang angelegten
Sammelleitung vor, welche Wasser an die Stadt Essen lieferte und deren
Ergiebigkeit bedeutend abgenommen hatte; er stellte dabei fest, daß
der Zufluß auf einem Teil
der Leitungsstrecke ganz
aufgehört hatte, auf einem
anderen Teil jedoch un-
vermindert war. Auf der
erstgenannten Strecke war
der Wasserspiegel zu tief
gesenkt worden, was eine
zu starke Zuströmung von
Flußwasser bewirkt hatte;
die Infiltrationsgeschwin-

Fig. 48.

digkeit war zu groß, der Schlamm drang zu tief hinein und verstopfte
schließlich die Poren des Flußbettes. Zwischen dem Flusse und der
Leitung war der Wasserspiegel gesunken, so daß er anstatt einer kon-
vexen eine konkave Fläche bildete (Fig. 48).

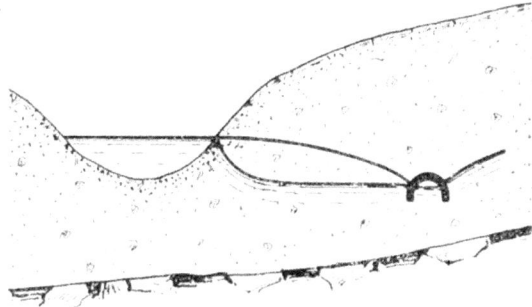

Auf der letztgenannten Strecke war die Senkung dagegen geringer,
die Infiltration ging langsamer von statten, der Schlamm blieb auf
dem Flußboden zurück und wurde vom Strom mit fortgespült. Es
gelang Thiem, den richtigen Höhenunterschied zwischen dem Fluß und
der Leitung, d. h. den Wert des Gefälles J festzustellen, welche, in die
Gleichung (4) hätte eingesetzt werden müssen, um einen richtigen Wert
der Geschwindigkeit V zu ergeben.

Dies ist ohne Zweifel die richtige Methode. Die Wassermenge
läßt sich nicht ohne weiteres mit Hilfe theoretischer Formeln berechnen,
sondern muß auf experimentellem Wege durch langwierige Versuche
in großem Maßstabe bestimmt werden.

Hauptbedingung ist, wie erwähnt, daß die Infiltration nicht zu
schnell stattfindet: der Schlamm darf nicht so tief eindringen, daß er
nicht von dem Fluß weggeführt werden kann. Vermutlich geschieht
diese Reinigung nicht kontinuierlich, sondern nur während der Hoch-
wasserperioden, wobei die Sandkörner emporgerissen und fortbewegt
werden, so daß die ganze Filteroberfläche erneuert wird. An niedrigen
Ufern wird dieselbe Wirkung durch die vom Eise und den Wellen aus-
geübte Gewalt erzielt; demnach kann auch von einem See aus eine
kontinuierliche Infiltration stattfinden.

Die Überrieselung ist bei einigen mehr provisorischen Anlagen versucht worden. **Die** Methode ist unzuverlässig und schwer zu kontrollieren, sowie auch in **Ländern** mit dem Klima Schwedens vollständig unverwendbar, weshalb sie **hier nur** nebenbei erwähnt wird.

In das Grundwasser reichende (Fig. 39) **oder über** dessen Niveau belegene (Fig. 40) I n f i l t r a t i o n s b e c k e n **sind** verwendbar, wenn die wasserführende Schicht mit der Erdoberfläche in direkter Verbindung steht. Ihre Sohle wird mit einer Schicht feinen Filtersandes bedeckt. Eine ganz unbedeutende Infiltrationsfläche **ist zur** Bildung eines großen Grundwasserstromes ausreichend. Mit einer Infiltrationsgeschwindigkeit von 1,5 m in 24 Stunden kann das Becken während eines Jahres eine Wassersäule von 500 m Höhe durchlassen, d. h. 1000 mal mehr, als die auf natürlichem Wege versickerte Regenwassermenge. Mit einem 1 ha großen Becken kann man die Wassermenge verdoppeln, welche auf natürlichem Wege auf einer Sandfläche von 10 qkm infiltriert wird.

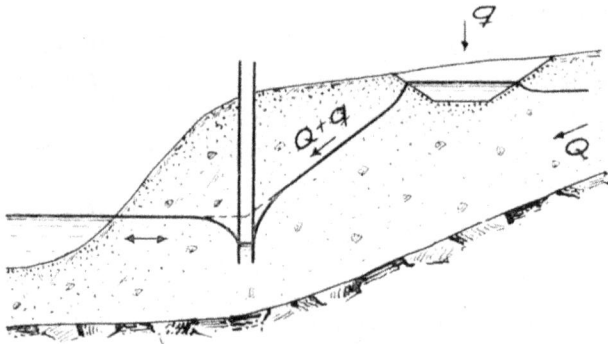

Fig. 49.

Die Infiltrationsfrage ist gewöhnlich sehr leicht zu lösen. Inwieweit es gelingt, ein wirkliches Grundwasser damit zu gewinnen, hängt von der Möglichkeit ab, den Strom genügend weit in horizontaler Richtung fortzuleiten, so daß das Wasser Zeit erhält, die Eigenschaften des Grundwassers anzunehmen.

In Fig. 49 ist gezeigt, wie die Infiltration den Wasserstand zwischen dem Becken und den Brunnen erhöht. Der Grundwasserstand unterhalb der Brunnen wird als bereits mit dem Niveau des Rezipienten gesenkt angenommen. Die Brunnen sammeln also sowohl die natürliche Grundwassermenge Q, wie auch die infiltrierte Menge q.

Das Infiltrationsbecken darf augenscheinlich nicht zu weit von den Brunnen entfernt angelegt werden, da dann sein Wasserspiegel im Verhältnis zur Erdoberfläche zu hoch zu liegen käme. Wenn dieser Abstand für die Umwandlung des Wassers ausreichend ist, so kann die Anlage quantitativ und qualitativ als gelungen betrachtet werden. Im entgegengesetzten Falle hat man zu wählen zwischen einer verminderten Infiltration und einem weniger guten Wasser.

Wir wollen nun den Verlauf bei der Infiltration des Wassers und den unterirdischen Lauf des letzteren etwas näher studieren.

Das Versickerungsbecken wirkt genau wie ein gewöhnliches Filter. Das Wasser sinkt langsam durch den Boden des Beckens, wobei sich Schlamm und Bakterien auf der Sandfläche und in der obersten Sandschicht absetzen. Zu Beginn einer Filterperiode ist der Widerstand beim Hinabdringen des Wassers gering, und der Höhenunterschied h zwischen dem Wasserspiegel im Filter und dem Wasserspiegel in einem nahegelegenen Beobachtungsbrunnen (Fig. 50) beträgt nur einige Zenti-

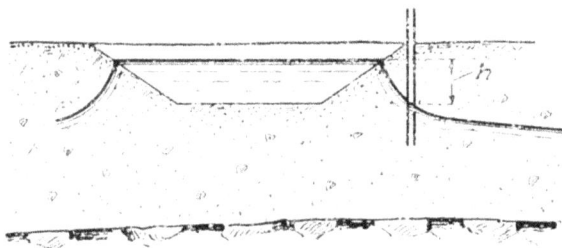

Fig. 50.

meter. Mit dem Fortschreiten der Infiltration vermehrt sich die Schlammablagerung, der Widerstand wächst und der Wasserspiegel im Becken überragt immer mehr den Wasserspiegel des Brunnens. Wenn dieser Höhenunterschied eine gewisse Grenze, z. B. 1 m erreicht hat, ist die Zeit zur Reinigung des Beckens gekommen; der Zufluß wird abgesperrt, der Wasserspiegel sinkt unter die Sohle des Beckens, welche in üblicher Weise abgeschaufelt oder reingespült wird.

Das auf solche Weise in den Boden eingeführte Wasser ist f i l t r i e r t e s   O b e r f l ä c h e n w a s s e r , welches schon unmittelbar unter der Sohle des Beckens als Wasserleitungswasser verwendbar und dem von einem gewöhnlichen Sandfilter gelieferten völlig gleichwertig ist. Die Zahl der Bakterien ist auf ein geringes reduziert, die organischen Stoffe haben gewisse Veränderungen durchgemacht. Die Temperatur des Wassers und der fade Geschmack desselben sind noch unverändert.

Während der zwischen der Infiltration des Wassers und seinem Einströmen in die Brunnen verfließenden Zeit verändert sich die Be-

schaffenheit desselben mehr und mehr. Die letzten Bakterien verschwinden, die organischen Stoffe gehen in völlig unschädliche Verbindungen über, neue Stoffe werden aufgenommen. Die Temperatur
steigt während des Winters und sinkt während des Sommers. Das Ergebnis ist ein steriles, kristallklares Wasser mit fast konstanter Temperatur und erfrischendem Geschmack. D a s O b e r f l ä c h e n -
w a s s e r i s t i n G r u n d w a s s e r v e r e d e l t w o r d e n.

Dieses künstliche Grundwasser ist in physikalischer und biologischer
Hinsicht dem natürlichen Grundwasser gleichwertig. Von diesem
unterscheidet es sich eigentlich nur in einer Beziehung: es enthält weniger chemische Verbindungen bzw. weniger Verunreinigungen. Denn
diese sind abhängig von der Zeit, die das Wasser mit dem Boden in
Berührung war, und vom Kohlensäuregehalt desselben. Das Alter
des künstlichen Grundwassers zählt nach Wochen, dasjenige des natürlichen Grundwassers nach Jahren. Bei der Infiltration des Wassers
von einem Becken aus wird sehr wenig Kohlensäure aufgenommen,
beim langsamen Versickern des Regenwassers dagegen große Mengen.

Man hat gegen diese Methode in der Hauptsache zwei Einwände
erhoben, welche jedoch beide unbegründet sind, nämlich:

1. der Untergrund würde im Laufe der Zeit durch Schlamm
   verstopft werden und
2. das infiltrierte Wasser könnte im Boden »wegfließen«.

1. Die Gefahr des Verschlammens ist nicht größer, als in einem
gewöhnlichen gut gehaltenen Filterbecken, d. h. gleich Null. Die
oberste Sandschicht, in der die eigentliche Filtration stattfindet, besteht
ja aus gewöhnlichem Filtersand. Unter der Voraussetzung einer gleich-
mäßigen geringen Filtrationsgeschwindigkeit wird der Schlamm sich
auf der Oberfläche des Sandes ablagern, von wo er bei der Reinigung
des Beckens entfernt wird. Es ist möglich, daß nach einigen Jahren
der Boden abgehoben und durch frischen Sand ersetzt werden muß,
aber bei den bisher in Schweden ausgeführten Becken, von denen z. B.
diejenigen in Gotenburg schon zwölf Jahre hindurch in ununterbro-
chenem Betrieb gewesen sind, hat sich dies noch nicht als nötig erwiesen.

2. Wenn der Wasserspiegel unterhalb der Brunnen sich in gleicher
Höhe mit dem Rezipienten (Fig. 49) hält, so ist dies ein Beweis, daß
die Brunnen die gesamte Wassermenge abfangen. Steigt der Wasserspiegel unterhalb der Brunnen (Fig. 51), so fließt ein Teil des Grundwassers nach wie vor in den Fluß, fällt er jedoch (Fig. 52), so liefert
der Fluß eine gewisse Wassermenge in die Brunnen.

Durch Beobachtung des Wasserstandes unterhalb der Brunnen kann man also stets kontrollieren, ob die infiltrierte Wassermenge den Brunnen zugute kommt.

So ist z. B. in Gotenburg unterhalb der Pumpbrunnen ein Brunnen angeordnet, dessen Wasserstand öfter beobachtet wird. Der Wasserspiegel steht hier 5 m über dem Meere; die spezifische Leistungsfähigkeit des Stromes ist 5 l/sk. Wird ein einziges Sekundenliter zu viel oder

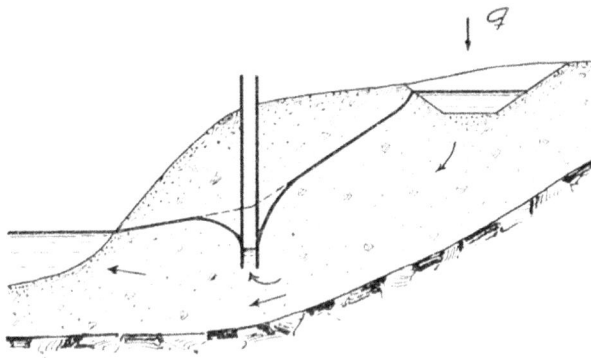

Fig. 51.

zu wenig infiltriert, so steigt oder fällt der Wasserspiegel in dem Beobachtungsbrunnen um 0,2 m. Eine genauere und empfindlichere Regulierung kann auch mit einem gewöhnlichen Filterbecken nicht erzielt werden.

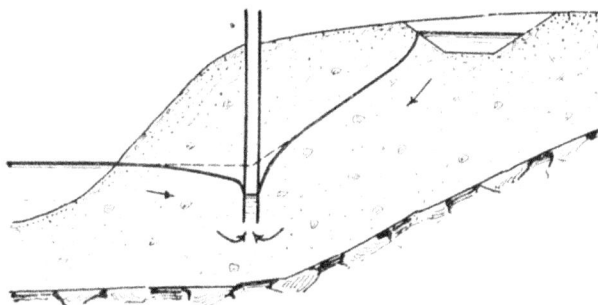

Fig. 52.

Unter gewissen Umständen kann man eine vollständige Regulierung der Wassermenge sowie des Wasserstandes erlangen. Man kann die Infiltration und die natürliche Filtration (Fig. 52) miteinander kombinieren oder das Eindringen des Flußwassers verhindern (Fig. 51).

In einem breiten Flußtal, in dem der Wasserstand sich nur wenig über dem Wasserspiegel des Flusses befindet, kann eine Stadt, von allen

anderen öffentlichen und privaten Brunnenanlagen unabhängig, innerhalb eines geschlossenen Gebietes eine vollständige »Grundwasser-
fabrik« anlegen, deren Lieferung genau dem jeweiligen Bedarf angepaßt
wird (Fig. 53).

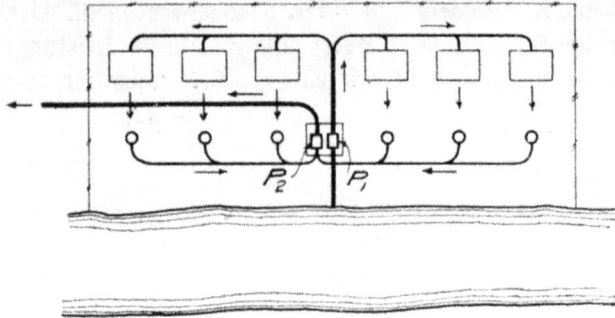

Fig. 53.

$P_1 =$ Pumpe zur Förderung des Flußwassers nach dem Becken,
$P_2 =$ Pumpe zur Förderung des Grundwassers nach der Stadt.

In dem vorigen Abschnitt haben wir gezeigt, daß, wenn eine bestimmte Wassermenge infiltriert wird, dies einerseits eine lokale Erhöhung des Wasserstandes um den Brunnen oder das Becken herum,
anderseits eine allgemeine Erhöhung des gesamten Stromniveaus her-

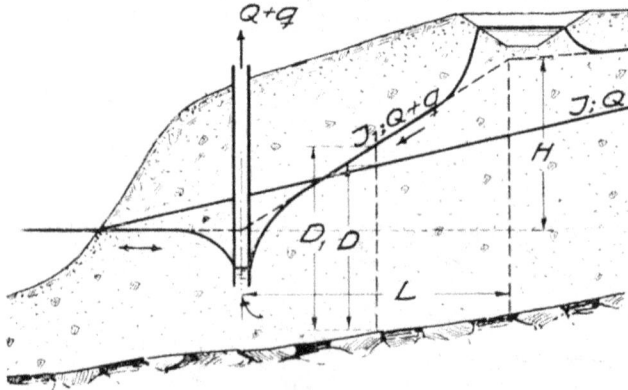

Fig. 54.

beiführt. Durch Messung des allgemeinen Ansteigens unterhalb des
lokalen Erhöhungsgebietes kann man die natürliche Ergiebigkeit des
Stromes berechnen (S. 51).

Mit Hilfe derselben Berechnungsmethode können wir, wenn Q
bekannt ist, die allgemeine Erhöhung des Wasserstandes berechnen,
welche durch Infiltration einer gewissen Wassermenge q eintritt.

Wenn z. B. ein Infiltrationsbecken L m oberhalb der Brunnen in Fig. 58 angelegt wird, so treten folgende Veränderungen ein:

Die Wassermenge des Stromes erhöht sich von Q auf $Q + q$,

Das Gefälle des Stromes erhöht sich von J auf J_1.

Die Durchschnittstiefe des Stromes erhöht sich von D auf D_1.

Wenn die Breite des Stromes $= B$ ist, so ist nach Gleichung (5)

$$Q = B D \cdot k \cdot J;$$
$$Q + q = B D_1 \cdot k \cdot J_1;$$
$$\therefore \frac{Q + q}{Q} = \frac{D_1}{D} \cdot \frac{J_1}{J};$$
$$\therefore J_1 = J \cdot \frac{Q + q}{Q} \cdot \frac{D}{D_1}; \quad \ldots \ldots \ldots \quad (29)$$

und
$$H = J_1 \cdot L.$$

Zu dieser allgemeinen Erhöhung kommt einerseits die lokale Erhöhung in der Nähe des Beckens, anderseits die Erhöhung innerhalb des Beckens, welche zur Überwindung des Filterwiderstandes erforderlich ist (Fig. 55).

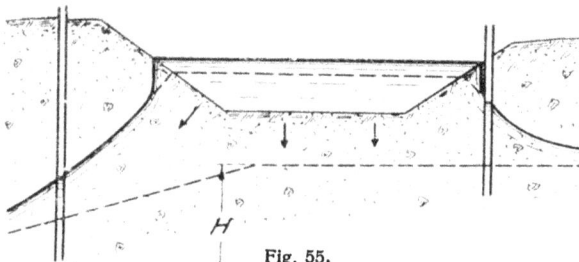

Fig. 55.

Bevor die Lage des Beckens endgültig nach der vorstehenden Berechnung bestimmt wird, ist ein Kontrollversuch in möglichst großem Maßstabe auszuführen.

Wenn die oberste Erdschicht undurchlässig oder der Strom artesisch ist, muß das Infiltrationsbecken durch einen Infiltrationsbrunnen ersetzt werden (Fig. 41).

In diesem Fall liegt unzweifelhaft eine Gefahr der Verschlammung des Untergrundes vor. Ist jedoch das Wasser vorher sorgfältig filtriert, so kann die Schlammlagerung nur unbedeutend werden. Treten Anzeichen hierfür auf, so kann man zum Ausspülen, zur Hebung oder zur Senkung der Ausflußmündung des Brunnens seine Zuflucht nehmen.

Wir haben in vorstehendem wiederholt darauf aufmerksam gemacht, daß die Ergiebigkeit eines Grundwasserwerkes infolge der allgemeinen

Senkung des Wasserstandes, herbeigeführt durch erhöhte Wasser-
abgabe aus anderen, innerhalb desselben Stromes angelegten Brunnen,
sich vermindern kann. Ein einziger Brunnen kann den Wasserstand
innerhalb eines Gebietes von vielen Quadratkilometern um mehrere
Meter senken. Es ist schwierig, wenn nicht unmöglich, durch Grund-
stückerwerbungen oder durch Beschränkungen und Verbote einer solchen langsam aber sicher eintretenden allgemeinen Senkung vorzubeugen,
wie sie während des letzten Jahrzehntes in vielen Gegenden, beispielsweise in den Niederlanden, so große Besorgnisse erregt hat.

Es gibt indessen ein Mittel, durch welches der
Wasserstand wiederum auf seine frühere Höhe
gebracht werden kann, und dieses Mittel ist die
künstliche Infiltration.

Überall, wo ein Brunnen eine allgemeine Senkung des Wasserstandes bewirkt, kann ein Infiltrationsbecken eine allgemeine Erhöhung herbeiführen.

Die Fähigkeit der natürlichen Filterbetten, unsere Ortschaften mit
gutem, einwandfreiem Trinkwasser zu versehen, ist in vielen Fällen
eine unbeschränkte.

Kapitel II.

Die geologische Bildung Schwedens.

Jedem, der in fremden Ländern gereist ist, werden gewisse Eigentümlichkeiten in der schwedischen Landschaft auffallen, welche für den Uneingeweihten schwerverständlich sind. Wir haben keine meilenbreiten Flußtäler, keine endlosen Hochebenen, keine langsam abfallenden, bewaldeten Berge. Fast überall ragen die harten und glatten Felsen des Urgebirges aus einer dünnen und oft vegetationsarmen Erddecke empor. Hoch über der Ebene, wo das Meer seine Marken zurückgelassen hat, sind die Felsrücken abgerundet, glatt, wie poliert, mit zahlreichen, in bestimmten Richtungen eingegrabenen Rillen. Der Boden besteht zum größten Teil aus einem eigentümlichen, ungleichmäßigen, mit Ton gemischten Kies; das feinste Gesteinspulver wechselt mit scharfkantigen Steinen und gewaltigen Felsblöcken, deren petrographische Beschaffenheit oft eine ganz andere als diejenige des umgebenden Gesteines ist; und an Stelle der mächtigen Kiesbetten, wie sie in den kontinentalen Flußtälern vorkommen, finden wir hier ganz unbedeutende Sandschichten, dafür aber starke Tonschichten von bedeutender Ausdehnung. Die eigentümlichste Erscheinung sind indessen die »Osen«, die mit ihren charakteristischen »Ziegenrücken« auf Hunderte von Kilometern das Land durchstreichen, wobei sie bald unter der Bodenoberfläche versenkt liegen, bald an respektablen Anhöhen emporklettern, und deren Inneres aus sortierten und reingewaschenen Schichten, unzweideutig »fluviatilen« Ursprungs, besteht.

Man fragt sich dann: Welche geologischen Kräfte haben diese gigantischen Felsblöcke auf den Gipfeln der höchsten Berge umherstreuen und in den feinsten Ton einbetten können? Wie ist es möglich gewesen, daß die Osen, die offenbar durch den Wasserstrom gebildet worden

Die geologischen Verhältnisse Schwedens ungleich denjenigen vieler anderer Länder.

sind, sich quer über Tälern und Anhöhen haben absetzen können? Und welches Riesenwerkzeug hat das Urgebirge so bearbeiten können, bald wie ein Besen, der alle losen Bodenschichten weggefegt, bald wie ein Hobel, der die härtesten Felsen abgerundet und geglättet hat?

Die Erklärung liegt in der Eisbedeckung des Landes und in den darauf folgenden Veränderungen der Höhenlage. Hierauf antwortet die Geologie: Ebenso wie das Eis in der Gegenwart den größten Teil der Oberfläche Grönlands bedeckt, so ist ein zusammenhängendes Landeis über Skandinavien vorgeschritten und hat dessen geographische Natur umgestaltet. Das Eis hat zuerst die während früheren Perioden entstandenen losen Bodenschichten weggedrängt und sodann den harten Gebirgsgrund bearbeitet und abgehobelt. Alle diese Massen von Ton, Sand und Steinen haben, in dem Eis eingefroren, dessen Wanderung folgen müssen, um bei dessen Abschmelzung wieder befreit und abgesetzt zu werden, bald unregelmäßig zusammengewürfelt, bald von den reißenden Gletscherbächen geschichtet und sortiert. Und nachdem dies geschehen ist, hat sich die Höhenlage der skandinavischen Halbinsel verändert, wobei einzelne Teile im Meer versenkt und dadurch neuen Veränderungen unterworfen wurden.

Wir werden im folgenden versuchen, diese bemerkenswerten Perioden in der Entwicklungsgeschichte Schwedens zu schildern.

Geologische Perioden. Die geologische Zeiteinteilung umfaßt folgende Perioden:

Archäische Periode	Permische Periode
Algonkische Periode	Triasperiode
Kambrische Periode	Juraperiode
Silurische Periode	Kreideperiode
Devonische Periode	Tertiärperiode
Steinkohlenperiode	Quartärperiode.

Während der ersten Periode, der archäischen, ehe das organische Leben noch erwacht war, wurde das Urgebirge gebildet. Während der folgenden Perioden, als hauptsächlich sedimentäre Gesteine gebildet wurden, erschienen auf der Erde organische Lebewesen, Pflanzen und Tiere, anfangs nur in wenigen Formen, welche allmählich durch Anpassung an Zahl und Entwicklung zunahmen. Versteinerte Reste der **Bedeutung der Paläontologie für die geologische Forschung.** Pflanzen- und Tierwelt, sog. Fossilien, kommen in noch heute erhaltenen Sedimenten eingeschlossen vor. Mit Hilfe der Paläontologie ist es gelungen, das Alter der verschiedenen Fossilien zu bestimmen und die oben angegebenen geologischen Perioden aufzustellen.

Urgebirgsformationen. Das während der archäischen Periode gebildete Urgebirge besteht größtenteils aus Granit und Gneis. Zu den algonkischen Formationen werden solche sedimentäre Schichtserien gerechnet, welche älter sind als die ältesten fossilienführenden kambrischen Schichten. Die kam- brisch-silurischen Gesteine sind ebenfalls sedimentäre Ablagerungen: Kalkstein, Sandstein und Schiefer, in dem Meer gebildet, welches also — wenn auch nicht immer gleichzeitig — die ganze heutige skandina-vische Halbinsel bedeckt haben muß. Der Kalkstein ist aus Muschel-schalen und anderen kalkhaltigen Resten aus der Tier- und Pflanzen-welt entstanden; der Sandstein ist Sand, durch kalk- oder eisenhaltige Bindemittel zusammengekittet; der Schiefer ist zusammengepreßter und versteinerter Ton.

Die sedimen-tären Ge-steine.

Außer der zwischen den Silur- und Juraperioden liegenden Zeit gibt es in Schweden keine sedimentären Reste. Diese Tatsache muß als ein Beweis dafür gelten, daß das Land während dieser Zeit nicht vom Meer bedeckt war. Während der Jura- und Kreideperioden sank Süd-schweden mehrmals unter Wasser, und dabei wurden die mächtigen Kreideschichten Schonens gebildet. Während der Tertiärperiode trat das Meer zurück, und die ganze skandinavische Halbinsel lag damals bedeutend höher als heute. Während der Quartärperiode, zu welcher wir die Neuzeit rechnen, kam die Eiszeit mit darauffolgenden Boden-senkungen und -Erhebungen; feste Sedimente entstanden in dieser Zeit nicht.

Verände-rungen in der Lage und Be-schaffenheit der Gesteine.

So wie die Gesteine einst gebildet wurden, sind sie nicht geblieben. Seit ihrer Entstehung ist die Erde ständigen Angriffen ausgesetzt ge-wesen. Seitliche Verschiebungen infolge von Abkühlung und Zu-sammenziehung der Erdrinde haben Falten hervorgerufen, welche als lange Gebirgsketten erkennbar sind; große Partien sind gesunken und haben Täler gebildet, die von ausgeprägten Bruchlinien oder Ver-werfungen begrenzt sind. Eruptive Massen aus dem Erdinnern haben bereits gebildete Sedimente durchdrungen und bedeckt. Es gehört daher mehr zu den Ausnahmen, als zur Regel, daß sedimentäre Gesteine immer noch eine horizontale Lage einnehmen.

Verwitterung und Erosion.

Die gewaltigen Kräfte, welche diese Störungen in der ursprüng-lichen Lage der Gesteine hervorriefen, haben jedoch die Beschaffenheit der Erdoberfläche nicht in so hohem Grade verändern können, wie die scheinbar schwachen und ungefährlichen Angriffe seitens der Luft und des Wassers. Die Verwitterung hat langsam aber sicher die Gesteine an den Oberflächen in lose Massen verwandelt, in denen die Pflanzen-wurzeln Halt gefunden und die Kohlensäure ihre zerstörende Arbeit ausgeführt hat, und so ist die feste Gesteinsoberfläche allmählich immer tiefer unter die Verwitterungsdecke gesunken. Die Erosion des strömenden Wassers hat nicht nur lose Bruchstücke weggespült, sondern in dem härtesten Gestein tiefe Furchen ausgewaschen. Und alles was so aus höhergelegenen Gebieten heruntergespült worden ist, wird von Bächen, Flüssen und Strömen fortgerissen, die Gesteinsfragmente nehmen dabei an Größe ab, werden gerundet und sortiert, um schließ-

Angriffe des Meeres.

lich wieder in den Meeren und Seen, als Sand in seichterem Wasser, als Lehm in den Tiefen, abgesetzt zu werden. Die Brandungen des Meeres greifen die Ufer an, spülen die losen Erdschichten hinweg und

Verwachsene Seen.

unterhöhlen und zerstören feste Felsenwände. Modernde Pflanzenreste füllen die Sümpfe und Waldseen mit verschiedenen Arten von Torf.

Unter dem Einfluß dieser geringen, ununterbrochen tätigen Kräfte sind im Laufe der Zeiten ganze Gebirgszüge verschwunden, Seen sind zugefüllt und Uferlinien landwärts verschoben worden. Ein ständiger Kampf herrscht zwischen den gesteinsbildenden Kräften, welche neue Niveauunterschiede hervorrufen, und den nivellierenden, welche diese Unterschiede auszugleichen streben.

Rückblick.

Um richtig verstehen zu können, wie Schweden während der Quartärperiode seinen gegenwärtigen geographischen Charakter erhalten hat, wollen wir auf die zunächst vorhergegangene Periode, die tertiäre, einen Blick zurückwerfen.

Die Tertiärperiode.

Wie bereits erwähnt wurde, war die skandinavische Halbinsel von der Silurzeit an aus dem Meer herausgehoben, mit Ausnahme der südlichsten Spitze des Landes, welche während verhältnismäßig kurzer, zeitlicher Zwischenräume unter den Meeresspiegel versenkt wurde. Während dieser Millionen Jahre hatten Verwitterung und Erosion allmählich die sedimentären Gesteinsformationen ausgeglichen und angefangen, das darunter gelegene Urgebirge anzugreifen. Unser Land muß beim Beginn der Tertiärperiode ungefähr denselben Charakter gehabt haben wie die südeuropäischen Länder heutzutage. Das Klima war warm und der Niederschlag reichlich. Große Hochebenen trugen eine Pflanzenwelt, ähnlich derjenigen, welche heutzutage an den Ge

Erste Stufe der Tertiärperiode.

staden des Mittelmeeres blüht, und mächtige Flüsse hatten breite Täler eingeschnitten, in denen der Verwitterungskies in regelmäßig der Korngröße entsprechend geschichtete Kiesbetten umgebettet wurde. In dieser herrlichen Natur bildete sich eine reiche Fauna. Gewaltige Vierfüßler in grotesken Formen strichen in den tiefen Urwäldern umher, noch nicht verfolgt von dem gefährlichsten Raubtier der Erde, dem »Homo sapiens«.

Während dieser Periode war die heutige Ostsee ein Tal zwischen den Hochebenen Skandinaviens und Rußlands. Wahrscheinlich existierte hier in der Richtung von Nord nach Süd ein gewaltiger, durch reiche Zuflüsse von Westen und Osten gespeister Fluß, der in einen über die gegenwärtige norddeutsche Ebene sich erstreckenden Meerbusen des Atlantischen Ozeans mündete; diese Ebene wurde ja erst während der Quartärperiode aus Ablagerungen des schwedischen Binnenlandeises (S. 70) aufgebaut. Es ist auch möglich, daß, wenigstens während einer gewissen Zeitperiode, ein tertiärer Fluß das südliche Schonen in der Richtung von Südost nach Nordwest durchschnitten hat, denn zwischen Malmö und Lund hat man durch Tiefbohrungen ein breites und tiefes in die Kreideformation eingeschnittenes Tal angetroffen, welches teilweise mit Sedimenten tertiären Ursprungs ausgefüllt ist (S 90).

Allmählich wurde das Klima rauher, und bei Beginn der Quartär- Zweite Stufe periode war die mittlere Temperatur wahrscheinlich niedriger als die der Tertiär- periode. heutige. Die empfindlicheren Pflanzen waren bereits ausgestorben und die Tiere gegen Süden ausgewandert. In den Hochgebirgen lagerten Beginn der sich Schneemassen ab, welche die abnehmende Sonnenwärme der Som- Quartär- periode. mer nicht zu schmelzen vermochte. »Der ewige Schnee« wuchs immer Temperatur- mehr an. Die Gletscher drangen immer tiefer in die Täler hinab, auch senkung. ihre Höhe nahm zu, und schließlich vereinigten sich die verschiedenen Die erste Eis- Eisströme zu einem zusammenhängenden L a n d e i s , welches von dem periode. Gebirgsrücken des Kölen nach allen Richtungen hin sich ausdehnte.

Dieses Landeis erreichte eine Ausdehnung und eine Höhe, von Ausbreitung denen wir uns jetzt kaum eine Vorstellung machen können. Gegen des Landeises außerhalb Osten drang es über das europäische Rußland vor und endete erst auf Skandi- den Tundras Sibiriens. Dort war zwar das Klima ebenso streng, aber navien. die Schneefälle waren unbedeutend, so daß die Zufuhr im Winter von der Abschmelzung im Sommer aufgewogen wurde. Im Süden wurde der Eisstrom durch die Sommertemperatur Südeuropas zum Stillstand gebracht, im Südwesten von einem entgegenkommenden Eisstrom, welcher von den Hochebenen Schottlands ausgesandt wurde. Die Ausdehnung desselben ergibt sich aus Fig. 1, welche auch einige kleinere europäische Eisgebiete derselben Zeit darstellt.

Um das Binnenlandeis als geologisches Werkzeug beurteilen zu Vergleich können, wollen wir einen Gletscher der Neuzeit studieren. Solche gibt mit einem Gletscher der es in den Hochgebirgen Schwedens und Norwegens, in der Schweiz, Neuzeit. vor allem aber in den Polargegenden, z. B. Grönland, welches zum größten Teil von zusammenhängendem Landeis bedeckt ist.

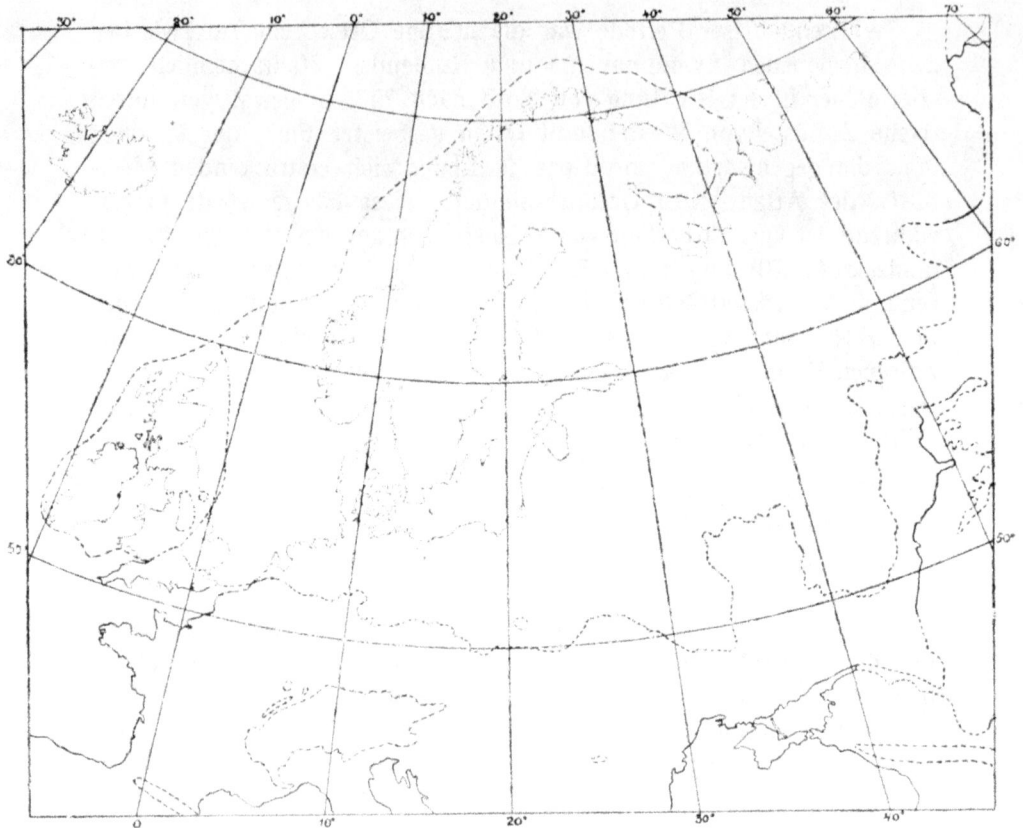

Fig. 1. Ausbreitung des großen Landeises.

.... Grenzlinie der Ausbreitung des Landeises.

Bildung des Gletschers.   Die Gletscher bilden sich in Gebirgsgegenden aus Schnee, welcher allmählich zu Eis zusammenfriert. Je nachdem die Eismassen an Höhe zunehmen, beginnen sie unter dem Einfluß der Schwere an den Abhängen des Gebirges herunterzugleiten. Das Eis folgt den Konturen des Bodens und wird oft gezwungen, seine Richtung zu verändern, indem es bald seitlich ausweicht, bald eine Anhöhe überschreitet, bald wieder an einem Abhang heruntergleitet. In schmalen Schluchten wird es zusammengepreßt, und wenn das Tal sich erweitert, breitet es sich wieder aus. Seine Masse ist also im großen Ganzen plastisch; Spalten, welche bei scharfen Krümmungen entstehen, schließen sich später wieder.

Erodierende und fördernde Tätigkeit des Gletschers.   Schreitet der Gletscher über den Boden vor, so nimmt er Erde und lose Steine mit, welche in das Eis einfrieren. Der Felsboden wird von der schweren, mit scharfen Steinen durchsetzten Masse gehobelt

und geritzt, während die Steine gleichzeitig zerquetscht oder abge-
schliffen werden.

So erodiert der Eisstrom seine Unterlage, gerade wie ein gewöhnlicher Fluß, nur mit weit größerer Kraft. Sein Bett wird geglättet,
und die mitgeführten Massen ruhen teils auf der Oberfläche, teils in
der untersten Schicht des Gletschers.

Während des Sommers strömt, wenn der Gletscher von Sonne
und Regen beeinflußt wird, das Schmelzwasser über die Oberfläche
des Eises herab und drängt bis auf die Sohle desselben hinunter, wo
sich tunnelartige Rinnen bilden. Je weiter der Gletscher talabwärts
rückt, um so wärmer wird das Klima und um so stärker die Abschmelzung. Schließlich halten sich Nachschub und Abschmelzung das Gleichgewicht; der untere Teil des Gletschers, B r ä m e oder E i s r a n d
genannt, zieht sich während des Sommers zurück, um im Winter sich
wieder vorzuschieben. Unterhalb des Eisrandes wird das mitgeführte
lose Material abgeladen, und zwar als unregelmäßiges, ungleichförmiges
Gemenge von Steinen und Kies, Sand und Lehm, das wir M o r ä n e
nennen. Aus dem G l e t s c h e r t o r strömt der trübe G l e t s c h e r -
b a c h hervor, rasselnde Rollsteine, Sand und Lehmkörperchen mit-
reißend, welche aus dem Eis herausgewaschen und von dem Schmelzwasser geglättet, gerundet und sortiert werden. Die gröberen Körper
werden zunächst, die feineren weiter unten abgesetzt, der Schlamm
erst im Meer oder in einer größeren Wassersammlung. So kommt die
Bildung von glazialem Kies, glazialem Sand und Lehm zustande.

*Abschmel-
zung des
Gletschers.*

*Ablagerungen
des Glet-
schers.*

Sobald eine günstige Veränderung des Klimas eintritt, zieht sich
die Eismasse zurück, indem sie das lose Material, welches längs ihrer
Sohle mitgeschleppt, in derselben eingefroren oder in ihrem Inneren
eingebettet war, zurückläßt. Ersteres bildet eine S o h l e n m o r ä n e,
letzteres eine O b e r f l ä c h e n m o r ä n e. Steht der Gletscherrand
längere Zeit verhältnismäßig still, so wird das längs desselben abge-
ladene Gesteinsmaterial zu einem langgestreckten Rücken angehäuft,
welcher E n d m o r ä n e genannt wird.

Moränen.

Wenn der Gletscher nicht auf dem Lande endet, sondern in das
Meer hinausschießt, so wird er teils unterhöhlt, teils der Hebekraft
des Wassers ausgesetzt, bis er schließlich »kalbt«; dabei bricht unter
gewaltigem Gekrach ein Teil des Eises ab, das dann als E i s b e r g
umhertreibt und schließlich abschmilzt. Das im Eisberg eingeschlossene Moränenmaterial wird allmählich frei und sinkt dann auf den
Meeresboden hinunter, wo es später von Sedimenten bedeckt wird.

Nach dieser vorbereitenden Studie wollen wir versuchen, uns ein Bild von dem Einfluß des Landeises auf diejenigen Gebiete zu machen, welche unter seiner kalten Decke begraben waren.

Es ist oben bereits hervorgehoben worden, daß während der Tertiärperiode ein warmes und feuchtes Klima herrschte. Eine unvermeidliche Folge davon war, daß die Verwitterung sowohl in die zurückgelassenen sedimentären Gebirgsschichten als auch in das unterliegende Urgebirge tief eindringen konnte. Auf Grund der Erfahrung aus nicht vereisten Ländern darf man annehmen, daß die Tiefe der Verwitterungsdecke viele Meter erreichte.

Erodierende und fördernde Tätigkeit des Landeises. Nachdem wir nun gesehen, wie ein kleiner Gletscher sein Bett hat bearbeiten können, können wir uns leicht vorstellen, wie eine wandernde Eismasse von Hunderten von Metern Höhe das Aussehen der skandinavischen Landschaft hat umgestalten müssen. Zuerst schob das Eis die losen Erdschichten hinweg und zerstörte die schön geschichteten fluviatilen Sandbetten; dann drang es durch den Verwitterungskies hinunter, schnitt tiefe Rinnen aus, verwandelte rauhe Felsen in sanft geformte Rundhöcker, welche von den das Eis begleitenden scharfen Steinen geritzt wurden. Alles, was frühere Millionen von Jahren zum Nutzen der Tier- und Pflanzenwelt vollbracht hatten, wurde vollständig vernichtet, und der ehemalige Lustgarten wurde in eine Eiswüste verwandelt, in der kein anderer Laut als das Krachen des Eises die Stille der Natur störte. Und dasselbe Schicksal traf diejenigen Nachbarländer, die von der Vereisung aus unseren Gegenden erreicht wurden.

Ablagerungen des Landeises. In der nun folgenden Zeit wurde das Klima jedoch wärmer. Die Abschmelzung nahm zu und der Eisrand zog sich zurück. Es wurden die eingefrorenen Massen wieder frei, und diejenigen Gebiete, welche früher unter dem Eise begraben waren, wurden nun von den Moränen bedeckt. Aus den Gletschertoren hervor strömten gewaltige Schmelzwasserflüsse, welche in den unterliegenden Moränen tiefe Erosionstäler einschnitten und zu neuen fluviatilen Bildungen Veranlassung gaben. Unter diesen seien vor allem die bekannten Osen erwähnt, von welchen man glaubt, daß sie in den tunnelförmigen Kanälen unter dem Eis gebildet sind.

Aus solchen glazialen Ablagerungen besteht ein großer Teil Norddeutschlands, welches ohne die große Vereisung nur die Sohle einer Bucht des Atlantischen Ozeans gewesen wäre.

Nachdem das Landeis bis in das Innere der skandinavischen Halbinsel zurückgegangen war, wurde es schließlich in einzelne Gletscher aufgelöst, welche in ihrer Dicke allmählich abnahmen, um zuletzt

ganz zu verschwinden. Die Herrschaft des Eises war zu Ende. Eine
i n t e r g l a z i a l e Periode trat ein, mit einem Klima, das an Wärme
das jetzige übertraf. Pflanzen und Tiere wanderten wieder in Mengen
vom Süden herein, und Mammutfunde aus dieser Zeit bezeugen, daß
der haarige Elefant seine Streifzüge bis in das Hochgebirge Norwegens
hinauf ausdehnte. Die Höhenlage des Landes ist nicht genau bekannt,
aber man nimmt mit Recht an, daß sie die heutige übertraf.

Die Inter-
glazial-
periode.

Wie sah das Land nach der Abschmelzung des Eises aus? Die
ganze Fläche desselben muß von Moränen bedeckt gewesen sein, wie
heutzutage die smaländische Hochebene, mit einzelnen Osen und
anderen Ablagerungen aus den Gletscherflüssen. Als das Landeis
den Verwitterungskies, dessen Ablagerungen natürlich in der Dicke
sehr wechselten, ausgrub, zeigte der bloßgelegte Boden im großen
Ganzen eine grubige und unebene Fläche, und zu diesen Unebenheiten
kamen noch die gewaltigen Absätze, welche zufolge tektonischer Er-
schütterungen längs den Verwerfungs- und Bruchlinien bereits entstanden waren. Die später abgeladenen Moränenmassen genügten nicht,
um alle Vertiefungen vollständig auszufüllen, und so blieben eine
ungeheure Menge größerer und kleinerer Seen zurück, welche die sonst
düstere und einförmige Landschaft heiterer gestalteten. Während der
interglazialen Periode wurden die Moränen von den Flüssen bearbeitet,
und neue fluviatile Sandschichten wurden abgesetzt.

Das Klima kühlte sich indessen wiederum ab, die Gletscher schoben
sich wieder weiter talabwärts, und neues Landeis bildete sich. Diese
z w e i t e V e r e i s u n g war von geringerer Ausdehnung als die vorhergegangene g r o ß e V e r e i s u n g. Am Schluß dieser Periode
folgte das Eis auf seiner Wanderung den Senkungen des Geländes.
Demnach wurden die niedriger gelegenen Teile Südschonens von einem
baltischen Eisstrom überschwemmt, welcher von Osten her gegen Nordwest nach dem Öresund abbog.

Die zweite
Eisperiode.

Während der zweiten Eisperiode senkte sich die Ebene der skandinavischen Halbinsel, was von vielen Geologen als eine Folge der
Belastung durch das Eis angesehen wird. Diese s p ä t g l a z i a l e L a n d -
s e n k u n g hat wichtige Veränderungen in den losen Bodenschichten
der überschwemmten Gebiete herbeigeführt und ist daher für das hydrologische Studium von großer Bedeutung. Die Ausdehnung derselben
ist in Fig. 2 angedeutet, aus der hervorgeht, daß die Absenkung auf der
ganzen Halbinsel nicht gleich groß war, sondern hauptsächlich in den
nördlichen und am höchsten gelegenen Gebieten sich vollzog.

Die spät-
glaziale Land-
senkung.

Die Ebene, zu welcher das Meer anstieg, wird die marine Grenze genannt und läßt sich heute noch an manchen Orten wahrnehmen, wo man dieselben ausgewaschenen Klapperstein- und Kieswälle wiedererkennt, welche wir so oft an der heutigen Meeresküste, wo sie dem Angriff der Wellen ausgesetzt sind, antreffen.

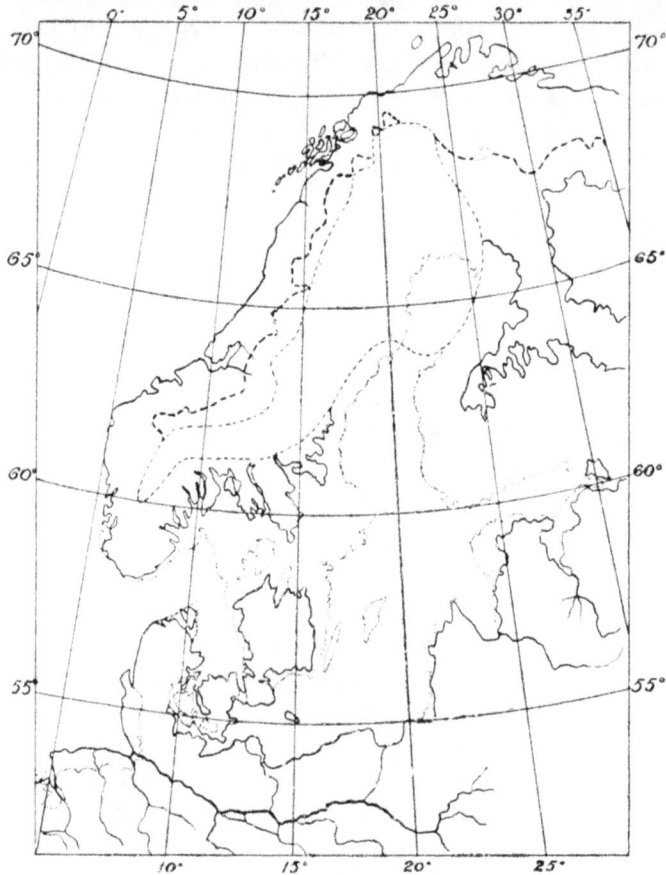

Fig. 2. Die Yoldiazeit.

——————— Uferlinie des Yoldia-Meeres.
– – – – – – – Wasserscheide.
– · – · – · – Eisgrenze.
·················· Heutige Uferlinie.

Was diese Periode besonders charakterisiert, ist die Verbindung zwischen der Ost- und der Nordsee mittels einer breiten Meerenge (Sund) quer durch das mittlere Schweden — »Närikessund« — während der

Öresund und die Belte sich noch über dem Meeresspiegel befanden. Die Becken der Seen Vänern, Vättern, Hjälmaren und Mälaren bildeten Vertiefungen in diesem Sund, durch welchen Salzwasser in die Ostsee einströmte. In den Lehmablagerungen aus dieser Periode findet man eine Menge Muscheln, welche heute bei Spitzbergen und Grönland vorkommen. Eine dieser Muscheln, die »Yoldia artica«, hat man auch in dem Mälaretal angetroffen, woraus man schließt, daß die Ostsee ein arktisches Binnenmeer, wenn auch mit schwach salzhaltigem Wasser, gewesen sein muß. Diese Periode unserer Geschichte ist von mehreren Geologen die Y o l d i a z e i t genannt worden.

Die Yoldia-zeit.

Nachdem das Landeis verschwunden war, bot das Land ungefähr dasselbe Bild dar, wie nach der großen Vereisung. In den Moränen, von denen der felsige Boden bedeckt war, fanden sich zahlreiche mit Wasser gefüllte Vertiefungen oder Seen. Überall, wo das Meer an die Küsten herantrat, entstanden neue marine Bildungen: die Moränen wurden ausgewaschen, das Material sortiert, der ganz feine Schlamm wurde weit hinausgeführt und sank erst bei großer Tiefe als Lehm zu Boden, das gröbere Korn setzte sich in der Nähe der Ufer als Sand ab. Jedoch die überwiegende Menge von Lehm und Sand wurde durch die von dem schmelzenden Eise herrührenden Gletscherflüssen abgesetzt, und die durch ihre Tätigkeit ebenfalls gebildeten Osen waren sehr zahlreich und von großer Mächtigkeit.

Ablagerungen der zweiten Eisperiode.

Sobald das Landeis sich zurückgezogen hatte, fingen die gesunkenen Landesteile wieder an sich zu heben. Die s p ä t g l a z i a l e L a n d e r h e b u n g begann: Der Närkessund wurde in eine Ebene verwandelt und die Ostsee vom Meere getrennt. Der geringe Salzgehalt der Ostsee verschwand vollständig, und schließlich zog die unsere Binnengewässer charakterisierende Fauna ein. Eine kleine kegelförmige Süßwassermuschel, A n c y l u s f l u v i a t i l i s, kommt zahlreich in den Sedimenten aus dieser Zeit, welche daher die A n c y l u s z e i t genannt worden ist, vor. Wie die Karte Schwedens damals aussah, ist auf Fig. 3 angedeutet.

Die spät-glaziale Land-hebung.

Die Ancylus-zeit.

Noch war jedoch das skandinavische Festland nicht zur Ruhe gekommen. Eine neue L a n d s e n k u n g, die p o s t g l a z i a l e, begann. Das Meer fand Zutritt zur Ostsee durch den Öresund und die Belte, wo das von dem Ancylussee abfließende Wasser tiefe Rinnen in das Kalkgebirge eingeschnitten hatte. Das Land lag damals tiefer als jetzt, demnach waren die Sunde tiefer und die einströmende Salzwassermenge war reichlicher. Die Ostsee wurde wiederum ein Meerbusen, die Süßwasserfauna starb aus und wurde durch mehrere der im

Die post-glaziale Land-senkung.

Kattegat gedeihenden Tierformen ersetzt. Nach einer Ostseemuschel,
welche jetzt überall an unserer Westküste lebt, hat man diese Periode
Die Littorina- die L i t t o r i n a z e i t genannt.
zeit.

    Die damaligen Landkonturen sind auf Fig. 4 angegeben.

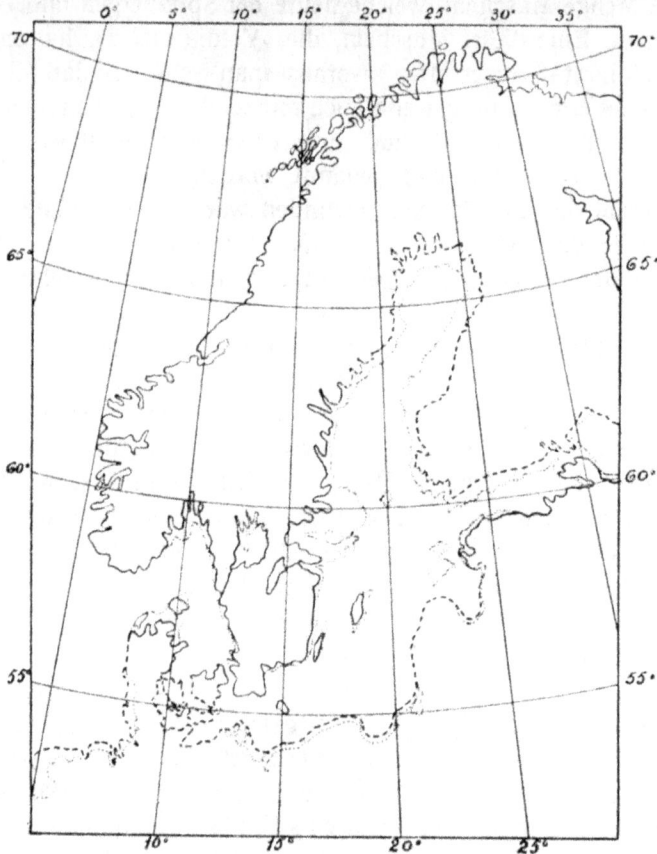

Fig. 3. Die Ancyluszeit.

———————————— Uferlinie des Ancylus-Sees.
– – – – – – Wahrscheinliche Uferlinie.
.... Heutige Uferlinie.

Die post-   Schließlich erreichte auch diese Senkung ihr Ende, und das Land
glaziale Land- begann allmählich sich wieder zu heben. Diese p o s t g l a z i a l e
hebung. L a n d e r h e b u n g vollzieht sich zwar noch, aber sie ist während
der letzten Jahrhunderte unbedeutend gewesen.

    Während der postglazialen Niveauveränderungen setzte sich auch
der Angriff des Meeres auf die Ufer fort, und neue Sedimente wurden

abgelagert. Die Schichtenfolge wechselte wie in den spätglazialen Perioden. Bei dem Beginn der Senkung wurde Sand abgesetzt, später Lehm und schließlich wieder Sand.

Diejenigen Gebiete, welche diesen beiden Niveauveränderungen ausgesetzt gewesen sind, können demnach eine reiche Abwechslung

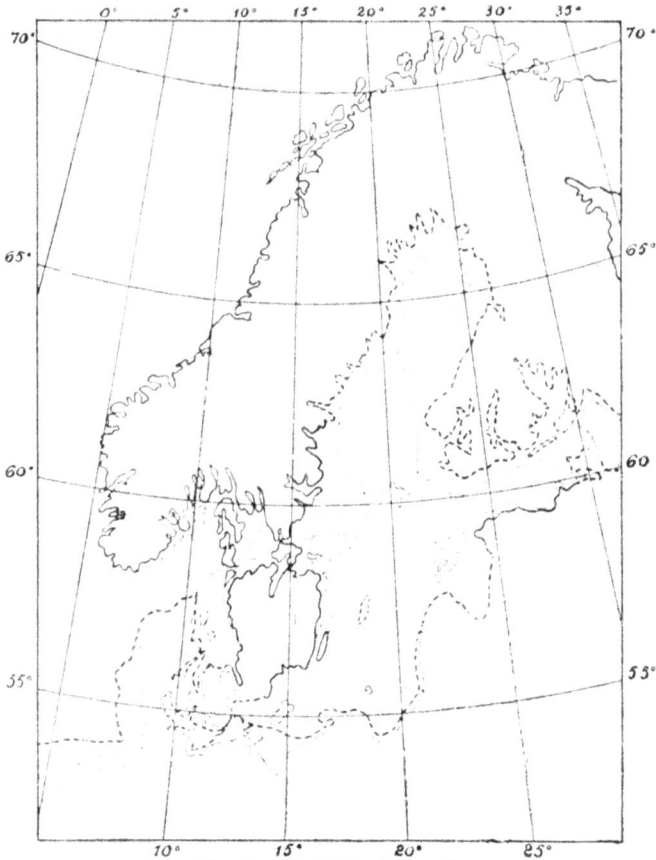

Fig. 4. Die Littorinazeit.

———————— Uferlinie des Littorina-Meeres.
– – – – – – Wahrscheinliche Uferlinie.
.... Heutige Uferlinie.

an marinen Ablagerungen aufweisen. Am tiefsten liegt der während der Yoldiazeit gebildete E i s m e e r l e h m, welcher in seinen dem Eisrande zunächst abgesetzten Partien sandig ist. Darüber kommt während der postglazialen Perioden N o r d s e e - oder O s t s e e - s a n d, -Lehm und wieder -Sand. Nur durch die Fossilien lassen sich diese Schichten, welche übrigens selten alle ausgebildet an einem Ort zu finden sind, unterscheiden.

Nachdem wir nun die wichtigsten Perioden in der geologischen Entwicklungsgeschichte Schwedens kurz behandelt haben, wollen wir eine kurze Übersicht der in den verschiedenen Landesteilen allgemein vorkommenden festen und losen Bodenschichten und ihrer hydrologischen Bedeutung geben.

Der Gebirgsgrund Schwedens. Der Gebirgsgrund besteht zum größten Teil aus »Grasten« (Graustein), d. h. Granit und Gneis, die beide zu der Urgebirgsformation gehören.

Von den früher mächtigen algonkischen, kambrischen und silurischen Schichten — Sandstein, Kalkstein, Tonschiefer — sind heute bloß einzelne Reste, welche aus verschiedenen Gründen den Angriffen der denudierenden Kräfte widerstanden haben, zurückgeblieben. So sind z. B. der Halle- und Hunneberg, Kinnekulle, Billingen, u. a. m. von jüngeren und härteren eruptiven Gesteinen bedeckt, welche die Silurschichten durchdrungen und sich als eine schützende Decke über denselben gelagert haben. Die Gebirge der »Dalslandsgruppe« sind durch Verwerfungen und Absenkungen, wodurch sie eine geschütztere Lage erhielten, erhalten worden, und die am Fuße der Areskutan sichtbaren Silurschichten liegen unter dem eigentlichen, aus gneisartigen Schiefern bestehenden Gipfel geschützt; diese Schiefer gehören zum Urgebirge und wurden bei der Faltung der Gebirgskette über die Schichten geschoben, unter welchen sie ursprünglich lagen. Gottland und Öland sind ganz und gar aus ähnlichen silurischen Ablagerungen aufgebaut.

Im südlichen Schonen gibt es eine von doppelten Moränenbetten bedeckte, während der Kreideperiode gebildete Kalksteinebene, die von Verwerfungen und wahrscheinlich auch von einem tertiären Flußtal (S. 90) durchschnitten ist.

Die losen Bodenschichten Schwedens. Bezüglich der losen Bodenschichten unterscheiden sich die über der marinen Grenze gelegenen Gebiete wesentlich von jenen, die unter dieser Grenze liegen. In ersteren findet man fast ausschließlich Moränen, und die fluviatilen Ablagerungen sind auf die Osen und die Sedimente aus eisgestauten Seen oder früheren Gewässern, deren Abfluß von den Resten des Landeises gehindert wurde, beschränkt.

Unter der marinen Grenze finden wir dagegen die Sand- und Lehmschichten des spätglazialen und noch tiefer auch des postglazialen Meeres. Die Osen sind wohl geformt und oft vollständig in Lehm eingebettet oder auf beiden Seiten von demselben umgeben. Auch die großen Endmoränen der zweiten Vereisung, welche in dem spätglazialen Meere abgeladen wurden, liegen oft in Lehm versenkt.

Südschonen zeigt in vielen Beziehungen bemerkenswerte Verschiedenheiten vom übrigen Schweden. Der Kalkfelsen wird von einer u n t e r e n M o r ä n e aus den Zeiten der großen Vereisung bedeckt; darüber folgt i n t e r g l a z i a l e r S a n d und schließlich die o b e r e M o r ä n e der baltischen Eisperiode. In den Verwerfungsbecken und den Erosionstälern des Kalkgebirges finden wir t e r t i ä r e oder p r ä g l a z i a l e Schichten, welche gegen die Angriffe des ersten Landeises geschützt lagen und deshalb nicht vom Eis angegriffen, sondern überschritten wurden. Die untere Moräne ist von derselben Beschaffenheit, wie andere Reste aus der Zeit der großen Vereisung und ist demnach hauptsächlich aus Urgebirgsfragmenten zusammengesetzt; die obere Moräne dagegen ist reich an Blöcken von den Kalksteinsgebirgen des südlichen Ostseegebietes. Es ist das kalkhaltige Moränenmaterial, welches das Gelände Südschonens so fruchtbar gemacht hat. Wenn der baltische Eisfluß diesen Teil des Landes nicht überschwemmt hätte, würden wir dort denselben Erdboden wie nördlich vom Romele Klint haben, und die Küstenstrecken würden einfach nicht existieren, d. h. sie würden noch immer unter dem Meeresspiegel liegen.

Im Anschluß daran sei erwähnt, daß ein großer Teil Norddeutschlands aus Moränen (S. 70) besteht. Man findet auch dort eine obere baltische und eine untere skandinavische Moräne, außerdem aber »diluviale« Sandschichten, welche die Gletscherflüsse aus den Moränenmassen ausgewaschen haben. Auch die Landgebiete Dänemarks und Rußlands sind durch die Ablagerungen des skandinavischen Landeises erweitert worden; die Eisperioden sind also für die geographische Entwicklung von ganz Nordeuropa von hervorragender Bedeutung gewesen.

In hydrologischer Beziehung hat das Urgebirge geringen Wert. Der Felsboden ist wasserundurchlässig, und nur in den Spalten bewegen sich spärliche Wasseradern. Für größeren Bedarf, wie z. B. für städtische Wasserversorgungen, ist das Urgebirge wertlos. Dagegen sind kleinere Wassermengen erfahrungsgemäß durch Felsbohrung zu gewinnen. Von besonderem Interesse sind diejenigen Brunnen, welche auf den kahlen Schären gebohrt wurden, deren Ergiebigkeit gewöhnlich nur durch Zuströmung vom Festland her unter dem Meeresboden zu erklären ist. A. N o r d e n s k i ö l d war der erste, welcher auf den hydrologischen Wert der Granitgebirge hinwies, und ihn folgendermaßen zu erklären suchte: oberhalb der geothermischen Grenze, d. h. so weit hinunter wie der Temperaturwechsel wirkt — etwa 30 m — ist das Gestein von feinen, senkrechten Spalten durchzogen und Störungen ausgesetzt, welche zwischen der beweglichen und der festen

Hydrologische Bedeutung des Gebirgsgrundes.

Masse horizontale Spalten hervorrufen können. In 30 m Tiefe müßte
man daher den Hauptabfluß der von oben herabsickernden Wasser-
fäden finden. Die Theorie Nordenskiölds hat nicht viele Anhänger
gefunden, und die bisherigen Erfahrungen scheinen nicht dafür zu spre-
chen, daß die 30 m-Tiefe irgendwelche besondere Bedeutung hat. Die
Felsbohrung bietet indessen stets eine Möglichkeit, kleinere Ortschaften
vor Wassermangel zu schützen, und besonders für die Schärenbevöl-
kerung ist die Anregung Nordenskiölds segensreich gewesen.

Die sedimentären Gesteine sind zwar nicht ganz so dicht wie das
Urgebirge, aber doch immerhin für Wasser schwer durchlässig. Spalt-
bildungen sind dagegen recht gewöhnlich, besonders im Kalkgebirge,
wo bedeutende Grundwasserflüsse entstehen können. Das Kalkgebirge
ist übrigens auch öfters den chemischen Einflüssen des in seinem Inneren
kreisenden Grundwassers ausgesetzt, welches bei der Versickerung aus
der obersten Bodenschicht Kohlensäure aufgenommen hat. Das kohlen-
säurehaltige Wasser nimmt Kalk auf und wird dadurch »hart«. Allmählich erweitern sich die Spalten zu Tunneln und Grotten, deren Decken
oft einstürzen und dadurch sog. Dolinen oder Bodentrichter, auf Gottland »slukhål« (verschlingende Löcher) genannt, bilden. Auch in den
Kreideformationen Schonens kommen ähnliche unterirdische Gänge
vor. In anderen Ländern sind derartige Erscheinungen noch häufiger.
In den sog. Karstlandschaften Dalmatiens, der Militärgrenze und anderer
österreichischer Provinzen ist der Boden so unterminiert, daß große
Gebiete unbewohnbar sind. Es gibt ganz bedeutende Flüsse, welche
in den Untergrund verschwinden, und erst nach längerer Strecke talabwärts wieder zutage treten. Die Grundwasserströme des Kalkgebirges
sind daher oft sehr ergiebig; ihr Wert wird aber durch den bedeutenden
Kalkgehalt und das Vorkommen unvollständig filtrierter Zuflüsse
(S. 11) herabgemindert. Kopenhagen wird mit Brunnenwasser aus
dem Kalkgebirge versorgt, in Malmö gibt es eine große Anzahl ergie-
biger Brunnen (S. 92) und Untersuchungen in Ystad und Visby haben
günstige Resultate ergeben (S. 105).

Der Sandstein in der Gegend von Kalmar ist wasserführend und
am Fuße des Billingen treten Quellen zutage, welche die Stadt Sköfde
mit Wasser versorgen.

Hydrologi-
sche Bedeu-
tung der losen
Boden-
schichten.

Von den losen Bodenschichten ist der Lehm ganz undurchlässig und
der Moränenkies gewöhnlich sehr wenig durchlässig. Besonders dicht und
fest sind die Bodenmoränen, wohingegen die Oberflächenmoränen besser
ausgewaschene und porösere Partien enthalten. Vereinzelte Wasseradern
sind keine ungewöhnliche Erscheinung, aber wirkliche Grundwasser-

ströme kommen nur in solchen moränengleichenden Kieswällen vor, die während der spätglazialen Landsenkung im Meer abgeladen wurden.

Fluviatile Sandschichten kommen hauptsächlich in präglazialen, interglazialen und spätglazialen Ablagerungen vor. In hydrologischer Beziehung sind diese Formationen unbedingt die wertvollsten, und besonders sind die Osen mit gutem Erfolg für die städtischen Wasserversorgungen herangezogen worden, was in dem Folgenden näher erläutert werden soll.

Im großen ganzen sind die hydrologischen Verhältnisse Schwedens nichts weniger als günstig. Urgebirge, Moränen und Lehm bilden die hauptsächlichen Tagesschichten. Fluviatile Sandschichten von größerer Ausdehnung kommen nur spärlich vor. Die Osen sind zwar recht häufig; sie sind aber vielfach von offenen Flüssen durchzogen und entbehren auch nicht selten der Kontinuität, welche für die Entstehung größerer Grundwasserströme Bedingung ist. Die silurischen Kalkschichten sind zum größten Teil mit Gewalt entfernt und die wasserführenden Kalkschichten der Kreideformation auf Süd-Schonen beschränkt worden.

Solche Grundwasserströme wie diejenigen, welche auf dem Kontinent die Millionenstädte mit Wasser versorgen, gibt es in Schweden nicht. Daß nichtdestoweniger so viele schwedische Städte ihren Wasserbedarf in dieser Weise befriedigt haben, erklärt sich einfach aus ihrer geringen Einwohnerzahl. Die in Kap. III gegebenen Beispiele dürften wohl geeignet sein, die Schwierigkeiten darzustellen, die ein schwedischer Hydrologe zu überwinden hat und die ihn dazu gezwungen haben, zur k ü n s t l i c h e n S t e i g e r u n g d e r K a p a z i t ä t d e r G r u n d w a s s e r s t r ö m e seine Zuflucht zu nehmen.

Die ungünstigen hydrologischen Verhältnisse Schwedens.

Kapitel III.

Einige in Schweden ausgeführte hydrologische Untersuchungen.

In diesem Kapitel werden wir über einige in Schweden ausgeführte hydrologische Untersuchungen berichten und gleichzeitig das geologische Alter sowie die Beschaffenheit der wasserführenden Schichten zu erklären versuchen.

Gotenburg.

ÄltereWasser-werke.

Im Jahre 1893 besaß Gotenburg zwei Wasserleitungen. Die erste, im Jahre 1871 angelegte liefert Wasser mit natürlichem Druck vom See Delsjön und besitzt eine jährliche Lieferungsfähigkeit von 3,65 Mill. cbm, was einem täglichen Durchschnittsverbrauch von 10 000 cbm und einem Höchstverbrauch von 14 000 cbm entspricht. Im Jahre 1893 wurde eine neue Wasserleitung mit Pumpwerk am Götaälf, 7 km oberhalb der Stadt, vollendet. Das Wasser wurde in zwei Filterbecken gereinigt, deren jedes für eine tägliche Wassermenge von 2600 cbm bestimmt war.

Frühere Unter-suchungen.

Bevor diese Filter gebaut wurden, waren in den Jahren 1889 bis 1890 hydrologische Untersuchungen in dem Tal des Götaälf ausgeführt worden. Unter dem überall dort vorkommenden blauen Ton, in welchen der Fluß sein Bett geschnitten hat, traf man auf eine wasserführende Sandschicht. Das Wasser war klar und wohlschmeckend, enthielt jedoch recht viel Chlor, im Durchschnitt 150 mg/l, und Ammoniak, im Durchschnitt 2,1 mg.

Zu jener Zeit befand man sich noch in dem Glauben, daß der hygienische Wert eines Wassers ausschließlich nach seiner chemischen Zusammensetzung zu beurteilen sei. Nach den geltenden »Grenzwerten« sollte ein gutes Wasserleitungswasser nur 50 mg/l Chlor enthalten und von Ammoniak sollten sich nur »Spuren« vorfinden dürfen. Der Stadtchemiker, der Verfasser, sowie ein hinzugezogener deutscher Spezialist waren einstimmig der Ansicht, daß das Wasser unverwendbar sei.

Die Zeiten ändern sich jedoch und wir uns mit ihnen. Zu Beginn der neunziger Jahre machten sich allmählich andere Ansichten geltend, und man beurteilte Oberflächenwasser und Grundwasser nicht mehr nach den gleichen Grundsätzen (Seite 00). Ein hoher Chlorgehalt ist im Oberflächenwasser verdächtig, wo er als Beweis fäkaler Verunreinigungen angesehen werden kann, nicht aber in einem tief unter der Erdoberfläche fließenden Grundwasserstrom, wo er nur zeigt, daß noch Spuren von Kochsalzablagerungen vergangener Jahrtausende aus einem früheren Meere vorhanden sind. Ammoniak im Oberflächenwasser deutet auf Urin, unter einem abschließenden Tonlager ist es nur ein Produkt unschädlicher chemischer Prozesse. *(Veränderte Auffassung der Bedeutung d. Chlor- u.Ammoniakgehalts.)*

Im Jahre 1892 billigte Prof. L a n g das artesische Grundwasser in der Gegend von Malmö, welches 148 mg/l Chlor und 0,8 mg/l Ammoniak enthielt, und empfahl dessen Verwendung für das neue Wasserwerk in Malmö (Seite 89). 1893 erklärte Prof. A l m q u i s t das Grundwasser in Arboga für »besonders geeignet« zu Wasserleitungswasser, obwohl der Chlorgehalt sich auf 105 und der Ammoniakgehalt auf 1,7 mg/l belief, und später hatten deutsche Autoritäten das durch Tiefbohrungen erhaltene artesische Grundwasser bei Bremen, welches einen Ammoniakgehalt bis zu 15 mg/l zeigte, noch gutgeheißen.

Fig. 60.

Diese veränderte Auffassung hatte zur Folge, daß 1895 bis 1896 neue Grundwasseruntersuchungen ausgeführt wurden. *(Neue Untersuchungen.)*

Fig. 60 zeigt eine Horizontalskizze des Gebietes zwischen der Stadt und dem Wasserwerk am Götaälf.

Fig. 61 und 62 zeigen schematische Quer- und Längsschnitte durch das Tal des Götaälf.

Der Ton ist blaugrau, mager und nicht plastisch. Der Sand ist grobkörnig und rein, zum Teil mit gröberem Kies vermengt. In der Sandgrube, welche in Fig. 61 im Durchschnitt dargestellt ist, besteht der Boden aus Sand, während die oberen Schichten von moränenartiger Beschaffenheit sind.

Wir wollen jetzt versuchen, die geologische Bildung des Götaälf zu erklären. *(Geologische Verhältnisse.)*

Geologische Verhältnisse.

Der Felsgrund, in welchem das Tal durch Erosion entstanden ist, besteht aus Gneis und gehört demnach der Urgebirgsformation an.

Während der a l g o n k i s c h e n , k a m b r i s c h e n und s i l u r - i s c h e n P e r i o d e n wurde das Urgebirge von sedimentären Ab- lagerungen bedeckt, welche jedoch in den darauffolgenden Perioden, als das Land über ·dem Meeresspiegel lag, durch Verwitterung und Erosion wieder verwischt wurden. Während der T e r t i ä r p e r i o d e

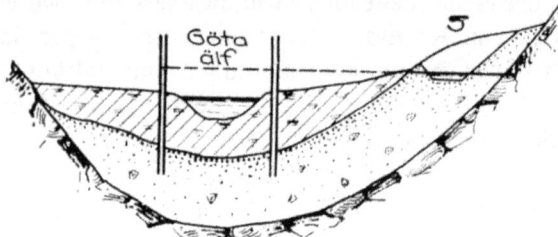

Fig. 61. Querschnitt.

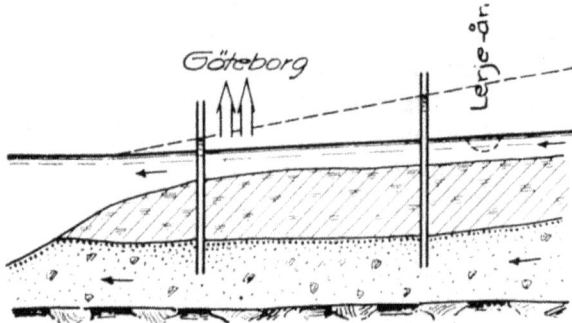

Fig. 62. Längsschnitt.

war das jetzige Tal im Urgebirgsmassiv ausgemeißelt. Seine Sohle lag über dem Meere und es war vermutlich zum Teil mit fluviatilen Sand- und Kieslagern angefüllt. Das Oberflächenwasser wurde durch einen Fluß, das Grundwasser durch einen freien Strom abgeleitet; beide flossen in das Meer.

Zu Beginn der g r o ß en G l a z i a l p e r i o d e vermehrte sich die Wassermasse des Flusses durch Schmelzwasser aus den vorrückenden Gletschern und p r ä g l a z i a l e r S a n d setzte sich auf dem tertiären Sand ab. Später drang das Landeis talwärts vor, fegte alle älteren Sand- lager hinweg und lagerte seine Moränen ab, welche von den Gletscher- wässern zum Teil sortiert und geschichtet wurden. Beim Schmelzen des Eises vermehrte sich die Wassermasse und der größere Teil der

Moränen wurde ins Meer hinausgespült; nur einzelne Reste blieben im Schutze vorspringender Bergwände liegen. Während der inter-glazialen Periode wurde interglazialer Sand abge-setzt. Bei der zweiten Glazialperiode sank das Tal immer tiefer unter den Meeresspiegel, wobei unterer Eismeersand gebildet wurde.

Während der spätglazialen Senkung, als nicht nur das Tal, sondern auch die dasselbe umgebenden Berge in das Meer versenkt waren, wurde Eismeerton abgelagert. Später begann das Land sich wieder zu heben, die Geschwindigkeit des Wassers nahm zu, der obere Eismeersand setzte sich auf dem Ton ab, dessen oberste Schichten weiterer Zerstörung anheimfielen. Je nach dem Fortschreiten der

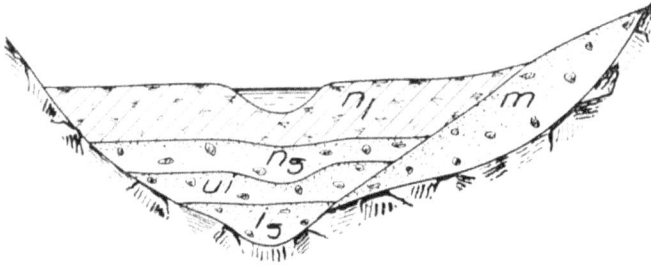

Fig. 63.

spätglazialen Erhebung schnitt der Fluß sich tiefer ein. Schließlich war sowohl der Eismeerton wie der obere Eismeersand vollständig erodiert und das Flußbett lag in dem unteren Eismeer-sand. Während der postglazialen Senkung wurde zuerst Nordseesand und darnach Nordseeton abgesetzt.

Während der postglazialen Erhebung bildete sich von neuem Nordseesand, wovon nur noch einzelne Reste vorhanden sind. Der Fluß schnitt sich tiefer in den Nordseeton ein, welcher jetzt das Bett desselben bildet.

Als Endprodukt der Einwirkung dieser geologischen Kräfte bleibt also (Fig. 63) eine mächtige Schicht von Nordseeton (n_l), welcher das Tal bis zu einer Tiefe von 30 bis 40 m ausfüllt[1]). Die Sandgrube in Fig. 61 ist eine alte Moräne (m) und unter dem Ton wechselt Nordsee-sand (n_s), unterer Eismeersand (ui) und interglazialer Sand (i_s).

---

[1]) Weiter unten nach der Mündung zu, wo der Ton eine Mächtigkeit von über 100 m hat, dürften die tieferen Schichten desselben aus Eismeerton bestehen.

Hydrologische Verhältnisse.

Bei den ersten Untersuchungen (1889 bis 1890) waren am Götaälf zwei Bohrungen ausgeführt worden, die eine an der Mündung des Lerjeån, die andere am entgegengesetzten Ufer des Flusses. In beiden Brunnen stieg das Grundwasser auf dieselbe Höhe, + 5,5 m über dem Mittelwasserstand des Meeres. Das Terrain lag auf + 1 und das Wasser stand also unter artesischem Druck. Da die untersuchten Wasserproben als unverwendbar angesehen wurden, so wurde die Ergiebigkeit des Stromes nicht festgestellt.

Man hatte indessen eine interessante Beobachtung gemacht. In der oben erwähnten Sandgrube (Fig. 61) war der Sand bis auf den Grundwasserspiegel abgegraben, welcher bis auf wenige Dezimeter der Steighöhe in den artesischen Brunnen gleich war. Als das Wasser von den Brunnen ablief, sank auch der Wasserspiegel in der Sandgrube. Damit war bewiesen, daß die Sandgrube mit dem unter dem Ton befindlichen wasserführenden Sand in direkter Verbindung steht.

Bei den späteren Untersuchungen (1895 bis 1896) handelte es sich vor allem darum, die quantitative und qualitative Beschaffenheit des Grundwasserstromes zu ermitteln. Daß man auf eine größere Wassermenge nicht würde rechnen können, war von Anfang an klar. Das Tal des Götaälf besteht zum größten Teil aus Felsen und Ton, von wo alles Wasser nach dem Flusse abfließt, und die eigentlichen Infiltrationsflächen beschränken sich auf einige über den Ton emporsteigende Moränenhügel von gleicher Art wie in der Sandgrube bei Lerjeholm.

Von Anfang an war es aber auch schon klar, daß der natürliche Wasservorrat auf künstlichem Wege durch Infiltration von Wasser aus dem Götaälf würde erhöht werden können.

Der Zweck der Untersuchungen war also:

1. die Menge und Beschaffenheit des natürlichen Grundwassers,
2. die Verwendbarkeit der Sandgrube als Infiltrationsbecken feststellen.

Das natürliche Grundwasser.

Taf. 1 zeigt eine Horizontalskizze über das untersuchte Gebiet mit dem im Jahre 1893 gebauten Wasserwerk. P ist die Pumpstation, F_1 und F_2 sind zwei überdeckte Filterbecken.

Zwischen dem Wasserwerk und dem Lerjeån wurden 54 Bohrungen ausgeführt. Die Brunnen hatten 50 mm Durchm. und wurden durch Wasserspülung erbohrt. Die Tiefe des Tons und des Sandes war ziemlich verschieden, wie aus dem durch die Brunnen a zwischen der Sandgrube und dem Flusse gelegten Bohrprofil auf Taf. 2 hervorgeht. Die obere isolierte Sandpartie ist wahrscheinlich oberer Nordseesand, welcher während der postglazialen Erhebung abgelagert worden ist. Die geologische Beschaffenheit des Tons und des tieferen Sandes ist oben angegeben worden.

Von den am Ufer des Flusses befindlichen Brunnen *b* wurde das Wasser während des Zeitraums vom 28. November 1895 bis 4. Juni 1896 frei über den Boden abgezapft. Die Wassermenge war Anfang Januar auf 8,6 l/sk gesunken und blieb während der folgenden fünf Monate konstant. Der Wasserstand in den Beobachtungsbrunnen *c* war vor der Inbetriebnahme $+5,1$, im Januar bis Juni $+3,6$ m.

Die Steighöhe des artesischen Stromes unterhalb der Brunnen war also bei einer Entnahme von 8,6 l/sk um 1,5 m gesunken. Wir benutzen also die Gleichung (23) und setzen

$$8,6 = c \cdot 1,5,$$

woraus wir erhalten $c = 5,7$.

Die spezifische Ergiebigkeit des Stromes in einem Querschnitt durch den Brunnen *c* ist also 5,7 oder abgerundet

5 Liter pro Sekunde,

und die Gesamtergiebigkeit erhält man aus der Gleichung (24)

$$Q = 5 \times 5,1$$

oder abgerundet

25 Liter pro Sekunde.

Der Chlorgehalt wurde in sämtlichen Brunnen bestimmt und zwischen 50 und 400 mg/l befunden. Eine Ausnahme machte der Brunnen *d* nahe am Wasserwerk, wo der Sand sehr feinkörnig war. Hier war das Wasser ungenießbar, mit einem Salzgehalt, welcher ohne Zweifel 1% überstieg. Das hat wahrscheinlich darin seinen Grund, daß die Bewegung des Wassers hier so gering ist, daß das bei der Ablagerung des Sandes eingeschlossene Meerwasser nicht fortgespült worden war (S. 11).

Der Ammoniakgehalt wechselte zwischen 0,5 und 5 mg/l.

Eisen fand sich nur in den Brunnen *e* auf beiden Seiten des Lerjeån. Der erstere enthielt 2 mg/l, der letztere 0,5 mg/l reines Eisen. Das Wasser in diesen beiden Brunnen hatte einen ausgeprägten Eisengeschmack und Geruch und setzte beim Ausströmen Ocker ab. Die übrigen Brunnen konnten als eisenfrei betrachtet werden, da das Wasser vollständig klar und geschmacklos war.

Schließlich ist zu erwähnen, daß das Wasser bei der bakteriologischen Untersuchung vollständig steril befunden wurde, daß seine Temperatur $+9^0$ C betrug, sowie daß verschiedene Brunnen einen ausgeprägten Geruch von Schwefelwasserstoff aufwiesen.

Das Resultat dieser ersten Untersuchungsreihe war also wenig günstig. In einem der größten Flußtäler Schwedens liefert der unterirdische Strom nur 25 l/sk Wasser, mit bis zu 400 mg/l Chlor und 5 mg/l Ammoniak! Die Querschnittfläche des Stromes kann auf 20 000 qm geschätzt werden, wovon 20% oder 4000 qm die Summe der Öffnungen (Poren) repräsentiert, durch welche das Wasser hindurchfließt. Die wirkliche Stromgeschwindigkeit (S. 20) ergibt sich dann etwa zu 0,5 m in 24 Stunden, d. h. ein Wasserteilchen gebraucht 5½ Jahre, um 1 km zurückzulegen!

Die Infiltration in der Sandgrube begann am 5. Juni 1896 und erfolgte ununterbrochen zwei Monate hindurch. Das Wasser wurde durch Eigendruck von einem im Lerjeån belegenen Mühlenteich (Taf. 1) hinzugeleitet. In den ersten Tagen, als der Grundwasserspiegel noch unter der Sohle der Sandgrube stand, versickerten 14 500 cbm in 24 Stunden; nachdem jedoch der Wasserspiegel in der Sandgrube bis auf das tiefste Niveau des umgebenden Geländes (+ 7) gestiegen war, konnte der Boden nur noch eine konstante Wassermenge von 1360 cbm in 24 Stunden aufnehmen.

Von dieser Menge floß ein Teil durch die artesischen Brunnen, ein anderer Teil in der natürlichen Richtung des Stromes ab. Während des Beharrungszustandes lieferten die Brunnen eine konstante Wassermenge von 19,1 l/sk anstatt 8,6 l/sk während der ersten Untersuchungsperiode, und der Wasserstand in dem Beobachtungsbrunnen c war ebenfalls konstant = + 4,3, d. i. 0,7 m höher.

Die Wassermenge der Brunnen hatte sich vermehrt um 10,5 l/sk und diejenige des Stromes um 0,7 · 5,7 = $\underline{4,0}$ »

weshalb die gesamte Vermehrung betrug . . . . $\overline{14,5}$ »

oder 1250 cbm in 24 Stunden, also nur 8% weniger, als die infiltrierte Menge, was als recht gute Übereinstimmung betrachtet werden muß.

Bei der Infiltration von 1360 cbm verbreitete sich das Wasser über eine Fläche von 65 qm. Die Infiltrationsgeschwindigkeit war dabei

$$\frac{1360}{65} = 20 \text{ m in 24 Stunden.}$$

Der Wasserspiegel eines Rohrbrunnens in der Sandgrube stand auf + 6,5, oder 0,5 m niedriger als der Wasserspiegel über dem Sande. Einer Infiltrationsgeschwindigkeit von 1 m in 24 Stunden entspricht daher eine Druckhöhe von

$$\frac{0,5}{20} = 0,025 \text{ m.}$$

Am Ende der Infiltrationsperiode betrug die Temperatur des Wassers:

in der Sandgrube . . . . $+ 22,5^0$ C

» dem Rohrbrunnen bei der Sandgrube $+ 15,5^0$ »

» einem Rohrbrunnen 150 m von der Sandgrube entfernt . . . . $+ 14,5^0$ »

Die in die Sandgrube infiltrierte konstante Wassermenge (1360 cbm in 24 Stunden) hatte sich im Untergrunde nach verschiedenen Richtungen ausgebreitet und der Zusammenhang zwischen der Geschwindigkeit des Stromes und dessen Gefälle konnte deshalb nicht genau berechnet werden. Indessen wurde es für zweckmäßig erachtet, die Brunnen bei einer definitiven Anlage etwa 200 m von der Sandgrube zu verlegen, was im Hinblick auf die Tiefe des Sandbettes (Taf. 2) zur Veredelung des infiltrierten Wassers ausreichend sein mußte. Das wichtigste Resultat der Untersuchung war das zu Beginn der Infiltrationsperiode erhaltene, daß nämlich eine große Wassermenge mit geringem Widerstand hätte infiltriert werden können.

Die „Grundwasserfabrik"

wurde in den Jahren 1897 und 1898 angelegt. Ihre Disposition ist aus Taf. 3 ersichtlich.

Die Infiltrationsbecken J_1 und J_2 haben zusammen 5600 qm Sandfläche. Das Wasser wird aus dem Götaälf durch dieselbe Leitung L_1 eingepumpt, welche die beiden älteren Filterbecken F_1 und F_2 speist. Der höchste Wasserstand in den beiden letztgenannten Becken ist im Durchschnitt $+ 7$, in den erstgenannten infolge von Druckverlusten in der Leitung 0,5 m niedriger oder $+ 6,5$. Die Sohle der Infiltrationsbecken liegt auf $+ 5,5$ und besteht bis 0,5 m Tiefe aus feinem Sand. Die Brunnen B_1, 20[1]) an der Zahl, sind an eine Sammelleitung L_2 gekuppelt, durch welche das Wasser mit Eigendruck nach dem Pumpbrunnen P_1 abfließt. Das Wasser wird durch Lüftung von dem Schwefelwasserstoff befreit und sodann mit Wasser von F_1 und F_2 gemischt.

Während der ersten Jahre lieferten zwei der Brunnen eisenhaltiges Wasser, welches nicht in die Sammelleitung aufgenommen wurde, sondern durch eine längs derselben angeordnete Tonrohrleitung abfloß. Der Eisengehalt nahm jedoch mit jedem Jahre ab und jetzt sind auch diese Brunnen an die Sammelleitung angeschlossen.

---

[1]) Einige Brunnen wurden später ausgeschaltet und durch einen neuen größeren Senkbrunnen ersetzt.

Die Brunnen liefern eine konstante Wassermenge von 6000 cbm in 24 Stunden (70 l/sk). Der Wasserspiegel in einem zwischen den Becken angeordneten Beobachtungsbrunnen steht im Durchschnitt auf + 6, der Wasserspiegel zwischen den Brunnen auf + 4, in den Brunnen auf + 2, in dem Pumpenbrunnen auf + 1. Die Becken werden umschichtig gereinigt, wobei das andere Becken weiter arbeitet, wenn auch mit niedrigerem Wasserspiegel. Das Wasser gelangt von den Becken nach den Brunnen in etwa drei Monaten mit einer (wirklichen) Geschwindigkeit von 2,2 m in 24 Stunden.

Das qualitative Resultat geht aus folgender vergleichenden Tabelle hervor:

	Götaälf	Unter-suchungs-brunnen a, b	Pump-brunnen P_1
Temperatur ... +C°	0—20	9	8—11
Cl .... m/gl	5,7—7,1	50—400	36—45
N H₃ .... »	0	0,5—5	0—0,3
Fe .... »	0,1—0,3	0,1—2	0,1—0,2
Bakterien ... pro ccm	500—8000	0	0

Das Wasser ist kristallklar und hat einen frischen und vollen Geschmack; es ist in jeder Beziehung besser als das in den Filtern F_1 und F_2 gereinigte Flußwasser, und faßt man besonders den oben erwähnten Umstand ins Auge, daß gewisse Brunnen ihren Eisengehalt allmählich verlieren, so ist es auch unbestreitbar, daß d i e I n f i l t r a t i o n d i e B e s c h a f f e n h e i t d e s n a t ü r l i c h e n G r u n d w a s s e r s v e r b e s s e r t h a t.

Auf Grund dieses günstigen Resultates hat die Stadt beschlossen, die »Fabrik« noch weiter auf eine tägliche Leistungsfähigkeit von 8600 cbm (100 l/sk) auszubauen. Für neue Infiltrationsbecken ist kein Raum vorhanden, die beiden älteren nehmen die Bodenfläche der ganzen Sandgrube ein. Der Verfasser hat daher ein Projekt zu zwei Filterbecken F_3 und F_4 mit 80 I n f i l t r a t i o n s b r u n n e n B_2, Taf. 3, ausgearbeitet. Die ersteren liegen in der Nähe der älteren Becken F_1 und F_2 und werden mit Flußwasser von der oben erwähnten Rohrleitung L_1 gespeist. Das filtrierte Wasser wird durch die Gefällsleitung L_3 nach den Brunnen B_2 geleitet, versickert in den Untergrund, gelangt dann in die Brunnen B_3, fließt von dort durch die Leitung L_4

nach dem Pumpbrunnen P_2, aus dem es nach dem Wasserwerk empor-gedrückt wird.

Nach Fertigstellung dieser Anlage, deren Bau 1909 begonnen wurde, werden sich der Berechnung nach die Grundwasserverhältnisse ungefähr so gestalten, wie es der schematische Querschnitt durch das Tal in Fig. 64 zeigt.

Malmö.

Im Jahre 1888 wurden von cand. phil. J. Jönsson eine Reihe Tief-bohrungen in der Umgegend von Malmö in Angriff genommen, bei welcher Gelegenheit auch hinsichtlich einer großen Anzahl für Fabriken und Bauernhöfe erbohrter Rohrbrunnen Angaben gesammelt und verwertet wurden. Die losen Erdschichten ergaben sich als Moränen, Sand- und Tonlager von stark wechselnder Tiefe und Beschaffenheit.

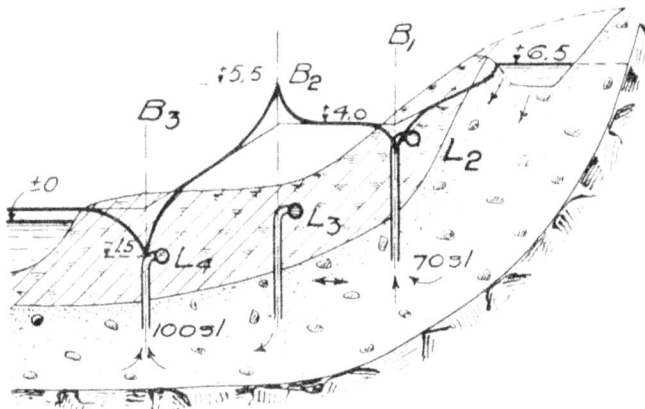

Fig. 64.

Der Kalkgrund, welcher nahe bei der Stadt ungefähr in Meereshöhe liegt, wird in der Richtung von Südost nach Nordwest von einer mehrere Kilometer breiten tiefen Rinne durchschnitten, deren ungefähre Aus-dehnung nach Jönsson auf Taf. 4 angegeben ist.

Die meisten Bohrbrunnen gaben ihr Wasser unter artesischem Druck. Im Jahre 1890 erhielt der Verfasser den Auftrag, unter Ober-leitung des bekannten Hydrologen A. Thiem definitive Untersuchungen auszuführen, die zu folgenden Ergebnissen führten.

Geologische Verhältnisse.

Die ersten Bohrungen wurden bei B u l l t o f t a (Taf. 4) in der Nähe des alten städtischen Wasserwerkes, welches filtriertes Wasser vom

Segeån und Bulltoftabach lieferte, ausgeführt. Fünf Brunnen wurden
bis auf das Kalkgestein erbohrt, welches etwa 15 m unter der Erdoberfläche angetroffen wurde. Der erste Brunnen durchdrang nur Moränenkies und Moränenton, in den anderen traf man auf eine dazwischen
liegende Sandschicht. In fünf Brunnen bei A r l ö f, die etwas tiefer als
die vorigen sind, fand sich nur Moränenmaterial. Diese sämtlichen Brunnen
erhielten ihr Wasser, und zwar nur geringe Mengen, erst im Kalkgestein.

Schließlich wurden bei Å k a r p neun tiefe, sehr ergiebige Brunnen
erbohrt. Die Beschaffenheit des Bodens ist aus Taf. 5 ersichtlich.
Zuoberst traf man auf ein Moränenbett von 10 bis 20 m Dicke, hier
und dort durch Sand oder Ton unterbrochen. Darauf folgten wech-
selnde Schichten aus reinem Sand und braunem, plastischem Ton,
mit einzelnen Beimengungen von Moränenkies, sodann feiner Sand
von großer Mächtigkeit und schließlich eine dünne Schicht aus grobem
Sand oder Kies, welche auf dem Kalkgestein ruhte. In dem Bohr-
schlamm fand man zahlreiche Bruchstücke von Braunkohle und Bern-
stein; der unterste Kies bestand zum großen Teil aus Feuersteinstücken.

Auffällig war, daß nur das tiefere Sandlager gleichmäßig in sämtlichen Brunnen angetroffen wurde. Alle höher belegenen Sand- und
Tonschichten kamen sehr unregelmäßig in verschiedenen Tiefen und
in ungleicher Mächtigkeit vor.

Auf Taf. 6 ist ein zusammengedrängtes Längenprofil durch die
Brunnen bei Bulltofta, Arlöf und Åkarp nebst einem schematischen
Querschnitt durch das unterirdische Tal, von x bis y des Lageplanes
(Taf. 4) aus, dargestellt.

Wir werden jetzt an der Hand dieser Untersuchungen zu erklären
versuchen, wie man sich den Verlauf bei der geologischen Bildung
des Untergrundes denken könnte.

Der Kalkgrund wurde während der K r e i d e p e r i o d e gebildet
und während der T e r t i ä r p e r i o d e über den Meeresspiegel em-
porgehoben. Der Sund und die Belte existierten damals noch nicht
und der mächtige Strom, welcher durch das jetzige Ostseebecken floß
(S. 67), mußte mit der fortschreitenden Erhebung des Landes seine
Mündungen in das Meer vertiefen. Eine dieser Mündungen ergoß sich
in einen Meeresarm durch das jetzige Norddeutschland (S. 67), gleichzeitig wurden aber auch wahrscheinlich die Verwerfungsspalten, welche
Südschonen durchschnitten, durch Erosion erweitert, und es wurde
hier auf diese Weise ein breites Flußtal geschaffen, welches seinen Ur-
sprung in der Nähe des jetzigen Ystad hatte und sich in nordwest-

licher Richtung nach Åkarp zu erstreckte. Dieses tertiäre Erosionstal ist es, welches wir auf Taf. 4 im Grundriß und auf Taf. 6 im Querschnitt sehen. Hier floß ein gewaltiger Fluß, auf dessen Sohle der grobkörnige Kies abgelagert wurde, welcher in sämtlichen Brunnen bei Åkarp angetroffen wird.

Während dieser Periode, wie auch während der Q u a r t ä r - p e r i o d e wechselten Erhebungen und Senkungen des schonenschen Kalkbodens ab. Nach Absetzung des Bodenkieses trat eine Senkung ein, die Wassertiefe in der Rinne vermehrte sich, die Stromgeschwindigkeit wurde geringer und es setzten sich Sand und Ton ab. Eine darauffolgende Erhebung umfaßte hauptsächlich das Gebiet nördlich von Romele Klint, welche Bergkette eine ungewöhnlich ausgeprägte Verwerfungslinie markiert: der südliche Teil von Schonen verblieb auf einem niedrigeren Niveau, und die tertiären Erdschichten der schonenschen Rinne wurden einer stärkeren Erosion nicht ausgesetzt, sondern blieben verhältnismäßig unberührt liegen. Indessen versteht es sich von selber, daß bezüglich dieser bisher wenig bekannten älteren Bildungen alle Erklärungsversuche noch recht unsicher sein müssen.

Nun kam die E i s z e i t , während welcher das Land nördlich von Romele Klint nach wie vor bedeutend höher lag als jetzt. Das Landeis rückte nach Süden vor, überstieg den Romele Klint und schritt quer über das Tal hinweg, dessen obere Bodenschichten aufgerissen und zum Teil durch Moränen ersetzt wurden. Später trat eine i n t e r - g l a z i a l e Periode ein, während welcher die Moränenbetten mit interglazialem Sande bedeckt wurden, und schließlich kam der b a l t i s c h e E i s s t r o m , welcher zwar eine geringere Höhe besaß als der vorhergehende, aber im Gegensatz zu diesem der Längenrichtung der Rinne folgte, wodurch seine erodierende Wirkung bedeutend erhöht wurde. Die interglazialen Sandschichten wurden ebenso wie das ältere Moränenbett und der tertiäre Ton aufgerissen. Als schließlich die obere Moräne abgesetzt wurde, war dieselbe mit allen diesen älteren Überbleibseln vermengt, welche in gefrorenem Zustande transportiert worden waren und dadurch zum Teil ihre natürliche Lagerung und Beschaffenheit beibehalten hatten.

Wir nehmen also an, daß der baltische Eisstrom sich so tief hineingeschnitten hat, wie die punktierte Linie auf Taf. 5 angibt, daß die oberhalb dieser Grenze vorkommenden Sand- und Tonmassen von dem Eise emporgerissene und wieder abgelagerte Fragmente von tertiären und interglazialen Schichten sowie daß die unterhalb derselben belegenen Sand- und Kieslager unberührte tertiäre Bildungen sind.

Schließlich ist noch eine nach Abschluß der eigentlichen Untersuchung ausgeführte Bohrung im Kreidebruch bei Kvarnby zu erwähnen,
bei der sich ergab, daß die Kreide nicht anstehend, sondern von auf
gewöhnlichem Kalkgebirge ruhenden Moränen unterlagert ist. Der
Kreideberg ist also nur ein Findling, welcher durch den baltischen
Eisstrom von der Kreideformation des südöstlichen Schonens mitge-
führt wurde und einen schlagenden Beweis von der unerhörten Erosions-
kraft des Eises liefert.

Hydrologische Verhältnisse.

In dem Vorhergehenden wurde erwähnt, daß die Bohrungen bei
Bulltofta und Arlöf unbefriedigende Resultate ergaben. In den fünf
Brunnen bei Bulltofta, welche sich über die Oberfläche eines Dreiecks
mit 300 m Basis und 500 m Höhe verteilten, stand der Wasserspiegel
im Durchschnitt 3 m über dem Meeresspiegel und bei der Entnahme
von 3,8 l/sk sank der Wasserspiegel in einem nahegelegenen Beobachtungsbrunnen um 1 m. Die Brunnen bei Arlöf lieferten ein noch
schlechteres Resultat.

Bei Åkarp befanden sich neun Brunnen, welche an der Eisenbahn
Malmö-Lund entlang angeordnet waren. Die geologische Beschaffenheit des Untergrundes ist auf Taf. 5 dargestellt. Das Gelände steigt
von $+5$ beim Brunnen M bis auf $+10,3$ bei U. Das Wasser aus dem
groben Bodenkies stieg in sämtlichen Brunnen über Terrain. Die Steighöhe war bei $M+11,75$, bei $U+11,68$, in den beiden äußersten
Brunnen also ungefähr gleich groß. Als Durchschnittswert für sämtliche Brunnen kann man $+12,1$ annehmen. Die Hauptrichtung des
Stromes ist also rechtwinklig zur Bahn. Bei O fand eine Ausspülung
um den Brunnen statt, weshalb dieser herausgenommen und zugeworfen
werden mußte. Die Brunnen bestanden aus gewöhnlichen galvani-
sierten Eisenröhren von 75 mm Durchm. und hatten durchschnittlich
76 m Tiefe.

Während der Periode vom 7. November bis zum 13. Dezember 1891
wurde die Steighöhe in sämtlichen Brunnen beobachtet; vom letztgenannten Tage bis zum 16. Februar 1892 wurde das Wasser von den
Brunnen N, P, R und T und am 17. Februar auch von N, Q, S und U
entnommen. Am 29. Mai bis 13. Juli wurden Ermitelungen zur Berechnung der spezifischen Ergiebigkeit jedes einzelnen Brunnens angestellt, worauf die Steighöhe wiederum bis zum 15. Oktober 1892 beobachtet wurde.

Taf. 7 zeigt eine graphische Darstellung der Schwankungen in der Steighöhe und der Abflußmenge in den Brunnen S und T. Die obere Linie gibt die Steighöhe an, die mittlere die Wassermenge und die untere den Wasserstand des Meeres, welcher keinen merkbaren Einfluß ausgeübt hat.

Die Berechnung der Wassermenge, welche zwischen M und U entnommen werden kann, wurde auf folgende annähernd richtige Betrachtungen gegründet.

Wenn sämtliche Brunnen als ein Brunnenkomplex oder als ein Brunnen mit mehreren Ausströmungsöffnungen betrachtet werden, so kann auf diesen Komplex das gleiche Gesetz angewendet werden, welches für einen einzigen Brunnen gilt, nämlich daß die gesamte Abflußmenge

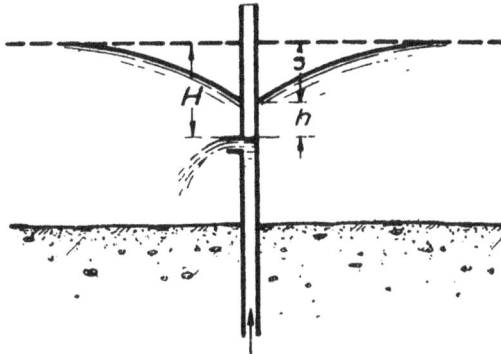

Fig. 65.

derselben im Verhältnis zur Abnahme der Steighöhe innerhalb des Komplexes wächst.

Wenn also die Steighöhe zwischen M und U im Durchschnitt um s Meter gesenkt wird (Fig. 65), so ist die Wassermenge, welche mán zwischen M und U erhalten kann,

$$Q = c \cdot s,$$

wo $c =$ der spezifischen Ergiebigkeit des Brunnenkomplexes ist.

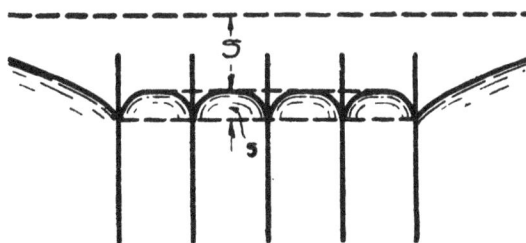

Fig. 66.

Je mehr neue Brunnen zwischen M und U abgezapft werden, d. h. je mehr Ausströmungsöffnungen in Wirksamkeit vorhanden sind, desto mehr erhöht sich s und Q.

Die Wassermenge jedes einzelnen Brunnens wächst im Verhältnis zur Höhe des gesenkten Wasserspiegels über dem E i n - s t r ö m u n g s n i v e a u des Brunnens (Fig. 66) und wird berechnet aus der Gleichung $q = b \cdot s,$

worin $b =$ der spezifischen Ergiebigkeit des Brunnens ist.

7*

Das Einströmungsniveau liegt h Meter über dem Ausströmungs- niveau, d. h. dem Wasserstand im Rohr; h repräsentiert also den Druck- verlust bei dem Durchfluß des Wassers durch das Rohr.

Das Ausströmungsniveau des Brunnens oder der Wasserstand im Rohr kann mit Hilfe des Ventils v am Ausflußrohr reguliert werden. Ist das Ventil völlig offen, so steht der Wasserspiegel nur so hoch über der Öffnung wie nötig ist, um dem Wasser seine Ausströmungsgeschwin- digkeit zu geben; wird das Ventil, wie in Fig. 67 angedeutet, nur teil- weise offengehalten, so verringert sich die Wassermenge und das Wasser steigt auf ein etwas höheres Niveau; schließt man das Ventil gänzlich, so steigt das Wasser bis auf das innerhalb des Komplexes herrschende Niveau, d. h. bis auf ein Niveau, welches S Meter unter der ursprüng- lichen Steighöhe liegt.

Wenn ein Brunnen, welcher längere Zeit hindurch eine konstante Wassermenge q geliefert hat, plötzlich abgesperrt wird, so steigt also das Wasser im Rohr $H = h + s$ Meter. Um die spezifische Ergiebig- keit b des Brunnens berechnen zu können, kann man die beobachtete Höhendifferenz H nicht verwenden, sondern muß von derselben den Druckverlust abziehen; der Unterschied

$$s = H - h$$

entspricht der wirklichen Senkung des Grundwasserspiegels, welche in die Gleichung

$$q = b \cdot s$$

einzustellen ist.

Wir wollen jetzt zunächst die Versuche besprechen, welche zur Berechnung der spezifischen Ergiebigkeit jedes einzelnen Brunnens vorgenommen wurden.

Aus jedem Brunnen wurde das Wasser während drei besonderer Perioden entnommen, wobei das Ausströmungsniveau mit Hilfe des Ven- tils v reguliert wurde. Sobald q konstant befunden worden war, wurden die Ventile geschlossen und der Wasserspiegel nach einigen Stunden, als er zu steigen aufgehört hatte, beobachtet. Von dem beobachteten Wert H wurde nun der Wert von h abgezogen, welcher nach der be- kannten Formel

$$h = (1 + u + m \frac{1}{d}) \frac{v^2}{2g},$$

berechnet wurde, worin u der Kontraktionskoeffizient für die Ein- strömung des Wassers in den Brunnen ist, welcher hier $= 0,5$ gesetzt werden kann.

m ist der Reibungskoeffizient für den Durchfluß des Wassers durch den Brunnen, berechnet nach Darcys Formel

$$m = 0,01989 + \frac{0,0005078}{d};$$

l ist die Länge des Rohres; d der Durchmesser des Rohres.

So ergab sich z. B., daß, als der Brunnen S nach zwölfstündiger konstanter Wasserlieferung von 3,3 l/sk abgesperrt wurde, der Wasserspiegel im Rohr um 1,09 m stieg. Die Tiefe des Brunnens betrug 74,2 m, sein Durchmesser 0,075 m. Die Berechnung ergab

$$h = 0,79 \text{ m};$$
$$\therefore s = 1,09 \text{ m} - 0,79 \text{ m} = 0,3 \text{ m}.$$

Die spezifische Ergiebigkeit des Brunnens ergab sich aus der Gleichung

$$3,3 = 0,3 \cdot b;$$
$$\therefore b = 11 \text{ l/sk}.$$

Beim nächsten Versuch war

$$q = 5 \text{ l/sk}$$
$$H = 2,09 \text{ m}$$
$$h = 1,79 \text{ »}$$

Es wurde also wie im vorigen Falle

$$s = 0,3 \text{ m und } b = \frac{5}{0,3} = 16,7 \text{ l/sk}.$$

Diese beiden ungleichen Resultate schienen also keinen besonders günstigen Beweis für die Richtigkeit des oft ausgesprochenen Satzes zu ergeben, daß die Ergiebigkeit eines artesischen Brunnens im Verhältnis zur Senkung des Wasserspiegels wächst.

Beim dritten Versuch wurde

$$q = 6 \text{ l/sk}$$
$$H = 2,58 \text{ m}$$
$$h = 2,57 \text{ »}$$
$$\therefore s = 0,01 \text{ m und } b = \frac{6}{0,01} = 600 \text{ l/sk}.$$

Hieraus ging unzweifelhaft hervor, daß die Berechnung von h allzuhohe Werte ergeben hatte, sowie daß infolgedessen s zu niedrig und b zu hoch berechnet worden war.

Zur Kontrolle der angewandten Formel wurden nun Versuche angestellt, wobei in jedem Brunnen ein 38 mm starkes Rohr wasserdicht eingeschraubt und bis auf die untere Mündung des äußeren Rohrs hinabgesenkt wurde, wo es als Versuchsbrunnen (Fig. 67) diente. In einem seitlich angeschraubten Zweigrohr wurde der Wasserstand in

dem äußeren Rohr beobachtet, und durch Vergleichung mit dem Wasser-
stande im inneren Rohr, d. h. im Versuchsbrunnen, erhielt man den
Wert für h, welcher dem Druckverlust in einem Brunnen von 38 mm
Durchm. entspricht.

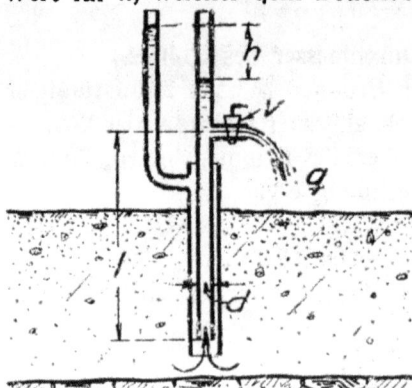

Bei der Vergleichung mit den
Werten für h, welche nach Darcys
Formel berechnet worden waren,
ergab sich als Durchschnittsresultat
von 20 Versuchen in verschiedenen
Brunnen, daß der wirkliche Wert
für h nur $\overline{55}\%$ von dem berechneten betrug.

Die für den Brunnen S erhaltenen Ziffern wurden nun in folgender Weise berichtigt:

Fig. 67.

Für $q = 3,3$ l/sk und $H = 1,09$ m wurde
$$h = 0,55 \cdot 0,79 = 0,43 \text{ m},$$
$$s = 1,09 - 0,43 = 0,66 \text{ »}$$
$$b = \frac{3,3}{0,66} = 5 \text{ l/sk.}$$

Für $q = 5$ l/sk und $H = 2,09$ m,
$$h = 0,55 \cdot 1,79 = 0,09 \text{ m},$$
$$s = 2,09 - 0,99 = 1,1 \text{ »}$$
$$b = \frac{5}{1,1} = 4,55 \text{ l/sk.}$$

Für $q = 6$ l/sk und $H = 2,58$ m,
$$h = 0,55 \cdot 2,57 = 1,41 \text{ m},$$
$$s = 2,58 - 1,41 = 1,17 \text{ »}$$
$$b = \frac{6}{1,17} = 5,13 \text{ l/sk.}$$

Als Durchschnittswert dieser ziemlich gut übereinstimmenden
Resultate ergab sich für den Brunnen S
$$b = 4,9 \text{ l/sk.}$$
In gleicher Weise wurde die spezifische Ergiebigkeit der übrigen
Brunnen berechnet und als allgemeiner Durchschnittswert ergab sich
$$b = 2,7 \text{ l/sk.}$$
Während des letzten Monats der Periode vom 13. Dezember 1891
bis 16. Februar 1892 war von den Brunnen M, P, R und T eine kon-
stante Wassermenge von zusammen 16,7 l/sk entnommen worden.

Die Steighöhe in den übrigen Brunnen hatte sich im Durchschnitt von $+ 12,1$ auf $+ 10,95$, also um $1,15$ m vermindert.

Die spezifische Ergiebigkeit des Brunnenkomplexes betrug demnach

$$\frac{16,7}{1,15} = 14,4 \text{ l sk.}$$

Im letzten Zeitraum der Periode vom 17. Februar bis 29. Mai 1892 wurde aus sämtlichen Brunnen eine konstante Menge von 24,6 l/sk entnommen. Die Senkung des Grundwasserstandes zwischen M und U wurde in der Weise berechnet, daß für jeden einzelnen Brunnen die der Entnahme q und die der spezifischen Ergiebigkeit b entsprechenden Werte für h und s bestimmt wurden, d. h. der Höhenunterschied H zwischen dem Ausströmungsniveau des Brunnens und dem gesenkten Grundwasserniveau, welcher auf diese Weise im Mittel auf $+ 10,19$ festgestellt wurde. Die Senkung hatte dabei betragen

$$12,1 - 10,19 = 1,91 \text{ m}$$

und die spezifische Ergiebigkeit des Brunnenkomplexes wurde

$$\frac{24,6}{1,91} = 12,9 \text{ l/sk.}$$

Wenn man der Sicherheit wegen die Ergiebigkeit des Brunnenkomplexes auf 12 l/sk annimmt, so erhält man, wenn der Wasserspiegel zwischen M und U im Niveau mit dem Meere, d. h. rund 12 m gesenkt wird, eine Wassermenge von

$$12 \cdot 12 = 144 \text{ l/sk oder rd } 12400 \text{ cbm in 24 Stunden}$$

Die definitive Anlage wurde indessen nicht bei Åkarp ausgeführt, sondern am Torrebergaån entlang (Taf. 4), wo die Steighöhe des Wassers bis auf $+ 24$ hinaufging. Das Wasser wird durch artesische Brunnen von 100 mm Durchm. gesammelt und fließt mit Eigendruck nach dem Wasserwerk bei Bulltofta ab, wo es durch Lüftung und Filtration von Eisen und Schwefelwasserstoff befreit wird. In Zukunft kann der Wasserstand durch Pumpen ebenso tief wie bei Åkarp, d. h. bis auf den Meeresspiegel gesenkt werden. Die Anlage, welche 1900 fertiggestellt war, hat tadellos funktioniert, bei einem täglichen Höchstverbrauch von 11 000 cbm.

In qualitativer Hinsicht zeigt das Wasser eine gewisse Ähnlichkeit mit dem artesischen Wasser in Gotenburg, enthält jedoch mehr Kalk und mehr Eisen. Der Härtegrad ist 14, der Chlorgehalt ungefähr 150 mg/l, der Ammoniakgehalt 0 bis 0,8 mg/l, der Eisengehalt (kohlensaures Eisenoxydul) 10 mg/l und die Temperatur $+ 9^{\circ}$. Nach der Reinigung sind nur noch Spuren von Eisen vorhanden und das Wasser ist sowohl für Haushaltungs- wie für industrielle Zwecke vorzüglich geeignet.

Upsala.

Im Jahre 1875 wurde die Wasserleitung in Upsala, deren Projekt von dem verstorbenen Obersten J. G. Richert stammt, ausgeführt. Das wegen seiner ungewöhnlichen Reinheit bekannte Wasser derselben wird aus Quellen gewonnen, welche am Fuße des mächtigen Upsala-Osens entspringen, und ein inmitten der Stadt belegener Wasserfall treibt das Pumpwerk, mit welchem das Quellwasser nach dem auf dem Scheitel des Osens befindlichen Hochbehälter gefördert wird. Kein schwedisches Wasserwerk ist unter günstigeren technischen und hygienischen Verhältnissen angelegt worden.

Im ersten Jahre wurde nur die »St. Eriksquelle« (*E* auf der Horizontalskizze, Taf. 8) ausgenutzt, deren Wasser mit natürlichem Druck nach der unterhalb des Wehrs *D* belegenen Pumpstation *P* geleitet wurde. Später wurde die Leitung auf die »Sandquelle« *S* ausgedehnt, welche etwa 500 m nördlich der Stadtgrenze zutage tritt. Als diese beiden Quellen den Wasserbedarf nicht länger befriedigen konnten, wurde von der Pumpstation eine Saugleitung nach den Rohrbrunnen *A* ausgelegt. Im Jahre 1902 wurde auf Grund einer von dem Verfasser ausgeführten Untersuchung ein neuer Brunnen bei *B* erbohrt.

Alle diese Quellen und Brunnen gehören einem in der Längsrichtung des Upsala-Osen fließenden Grundwasserstrom an.

Geologische Verhältnisse. Der Upsala-Osen ist einer der größten und wasserreichsten O s e n Schwedens. Er besteht aus Sand- und Kieslagern, deren gleichmäßig abgerundete Körner deutlich von der vorzeitlichen Bearbeitung in strömendem Wasser Zeugnis ablegen. Der Osen ist durch Ablagerung aus einem unter dem abschmelzenden Inlandeise fließenden Gletscherfluß gebildet und später sind seine Seiten teilweise mit s p ä t g l a z i - a l e m und p o s t g l a z i a l e m T o n bedeckt worden. Nachdem das Land sich über das Meer hinaus erhoben hatte, wurde postglazialer Sand vom Scheitel des Osens über die angrenzende Tondecke ausgespült (Fig. 68).

Hydro-logische Verhältnisse. Ein solcher, mehr als 100 m unter das Bodenniveau gesenkter Osen (S. 99) wirkt wie ein ungeheures Drainrohr, in dem die unterirdischen Wasseradern des umgebenden Geländes sich zu einem einheitlichen, in der Richtung des Osens fließenden Strom sammeln. Der Wasserstand im Osen wird hauptsächlich durch die Höhenlage des Punktes bestimmt, an dem der Strom austritt. Je weiter stromaufwärts man kommt, desto höher steht der Grundwasserspiegel, dessen Gefälle von der Geschwindigkeit des Stromes und der Durchlässigkeit des Sandes abhängig ist. Wenn der Grundwasserspiegel an irgendeinem Punkt über die umgebende Tondecke steigt, bildet sich eine Quelle (*a* auf Fig. 68). Oft ist der Sand nicht völlig homogen; kommen hier und dort dünne Schichten von feinem oder tonhaltigem Sande vor, so entsteht eine »obere Etage« mit kleinen Quellen bei *b*.

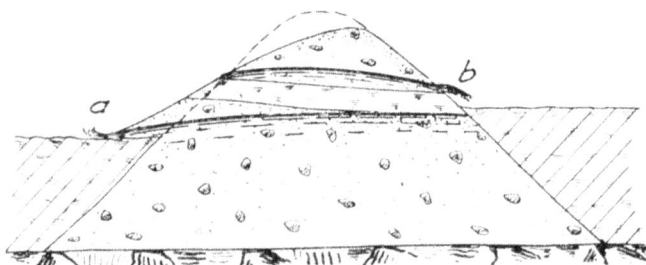

Fig. 68.

Der Upsala-Osen ist am östlichen Ufer des Fyrisån hoch über dem Terrain sichtbar, senkt sich von dort unter das Tonbett und tritt wiederum westlich von dem Fluß auf (Fig. 8), zuerst als eine ausgedehnte Sandbank und darauf als die dominierende Höhe, welche sich bis nach Ultuna hin verfolgen läßt, wo sie von neuem unter dem Fluß verschwindet. Von der Mächtigkeit derselben kann man sich einen Begriff machen, wenn man den Kamm der Höhe bei *F*, welcher 41 m über dem Flußspiegel unterhalb des Wehrs liegt, mit dem Bohrbrunnen *c* an der Pumpstation vergleicht, wo man unter einer Tondecke von 100 m Mächtigkeit auf den Abhang der Höhe stieß. Die Gesamthöhe des Osens dürfte also m i n d e s t e n s 150 m betragen.

Bei Ultuna, wo der Fyrisån niemals zufriert, ergießt sich das Grundwasser augenscheinlich in den Fluß. Beim Hospital von Upsala (*H* auf Fig. 8) tritt eine Quelle auf, deren freier Wasserspiegel 2,5 m über dem Flusse liegt. In dem Bohrbrunnen *c* liegt der Wasserspiegel auf + 3,6 und in gleichem Niveau liegt auch der freie Wasserspiegel der St. Eriksquelle. Der freie Wasserspiegel der Sandquelle liegt + 4,9 m über dem Fyrisån. Der Grundwasserstrom hat zwischen der Mündung und der Sandquelle und vermutlich auch östlich vom Fyrisån einen freien Wasserspiegel, steht jedoch bei der Kreuzung mit dem Flusse unter artesischem Druck. Seine Strömungsverhältnisse werden durch Längenprofile auf Taf. 9 angedeutet.

Die Sandquelle, die St. Eriksquelle und die Hospitalquelle gehören sämtlich dem Typus *a* an und bilden demnach den Überfall des in der Längenrichtung des Flusses fließenden Hauptstromes. Außerdem treten in- und außerhalb der Stadt eine Menge kleiner Quellen des Typus *b* auf, deren Wassermenge schwankt und in gewissen Jahreszeiten bis auf 0 herabgehen kann.

Bei der im Jahre 1902 vorgenommenen Untersuchung wurden keine Pumpversuche ausgeführt, und zwar aus folgenden Gründen:

Die Erweiterung des Wasserwerkes bezweckte eine tägliche Wassergewinnung von 5000 cbm. Die damaligen Quellen und Brunnen lieferten früher 3500 cbm, und von der Hospitalquelle erhielt man etwa 1400 cbm. Wenn also der Grundwasserspiegel durch Erbohrung des neuen Brunnens *B* so tief gesenkt wurde, daß die Hospitalquelle zu fließen aufhörte, so würde die Tagesleistung des Wasserwerkes sich auf 4900 cbm oder annähernd die erforderliche Menge erhöhen. Aber diese Quelle ist ja, ebenso wie die beiden übrigen, nach dem vorhergehenden nur ein partieller Abfluß eines Grundwasserstromes von ungeheurer Mächtigkeit und vermutlich sehr großer Ergiebigkeit. Auch die Möglichkeit, die Ergiebigkeit des Stromes künstlich zu erhöhen, war ein Umstand von Bedeutung. Der Grundwasserstand bei der Kreuzung des Erdrückens mit dem Flusse Fyrisån oberhalb der Stadt ist jetzt höher als der Wasserspiegel des Flusses, so daß das Wasser der »Sandquelle« freien Abfluß mit 2 m Gefäll erhalten kann. Wenn in Zukunft die natürliche Wassermenge des ganzen Osens abgesperrt wird, so daß der Wasserspiegel der Sandquelle im Niveau mit dem Ausfluß bei Ultuna, d. h. bis auf $+0$ gesenkt wird, so kann d a s W a s s e r d e s F l u s s e s o b e r h a l b d e s W e h r e s i n d e n O s e n e i n g e l e i t e t w e r d e n. Durch Anlage von Infiltrationsbecken kann man auf diese Weise eine für alle Zukunft genügende Wassermenge erhalten und ein Flußwasser, welches in ein 100 m tiefes, 1000 m von der Pumpstation entferntes Filterbett eingeleitet wird, muß eine vollständige »Veredelung« durchmachen.

Der Brunnen bei *B* wurde also ohne vorhergegangene Pumpversuche ausgeführt. Er liefert bei 6 m Absenkung 60 l/sk, so daß er allein den Wasserbedarf der Stadt zu decken vermag. Eine Senkung des Grundwasserstandes im Upsala-Osen ist angeblich bisher nicht zu verspüren gewesen. Das Wasser ist steril, eisenfrei und im übrigen von bester Beschaffenheit.

Gäfle.

Im Jahre 1895 wurde das alte städtische Wasserwerk am ʿGafleån beseitigt und ein neues Wasserwerk mit Brunnen am Testeboån (Taf. 10) angelegt. Das Wasser wird dem S ä t r a - O s e n entnommen, einem verhältnismäßig unbedeutenden Osen von 200 bis 300 m Breite und 5 bis 20 m Wassertiefe. Die Tagesleistung des Wasserwerkes wurde auf 8000 cbm berechnet.

Der Sätra-Osen erstreckt sich in der Richtung von Südwest nach Nordost und wird in der Nähe der Stadt von den Flüssen Gafleån und Testeboån durchschnitten. Der erstere ist unterhalb der Kreuzung mit dem Osen auf etwa 10 m aufgestaut, der letztere liegt im Meeresniveau.

In geologischer Hinsicht ist nichts von besonderem Interesse zu bemerken. Der Sätra-Osen ist ein typischer O s e n , auf einer M o - r ä n e abgelagert und später teilweise in p o s t g l a z i a l e n T o n (Fig. 69) eingebettet worden.   Geologische Verhältnisse.

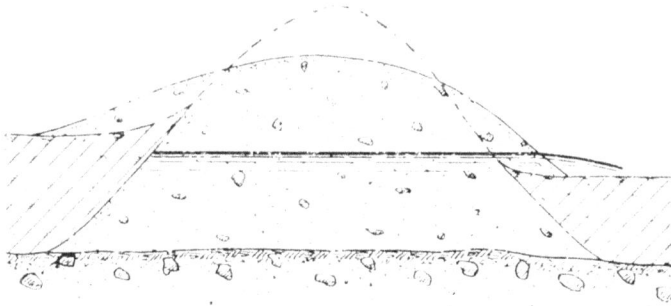

Fig. 69.

Die Gefällsverhältnisse des Grundwasserstromes werden durch das Längenprofil auf Taf. 11 angedeutet. Bei der Durchkreuzung des Gafleån liegt der Grundwasserspiegel 6 m unter dem Wasserspiegel des Flusses und 3 m unter der Sohle desselben. Nachdem der Rohrbrunnen am Flußufer einige Dezimeter in das Grundwasser eingedrungen war, wurde einige Stunden hindurch gepumpt, worauf die Temperatur des Wassers gemessen und auf $+15^0$ C festgestellt wurde, während die Temperatur des Flußwassers $+23^0$ C betrug. Nachdem der Brunnen 3 m tiefer hineingetrieben war, erhielt man ein Wasser von 9^0 Temperatur. Dieser Umstand scheint zu beweisen, daß das Grundwasser hier Zufluß aus dem Gafleån erhält. Die Flußsohle liegt mehrere Meter über dem Grundwasserspiegel, weshalb eine direkte hydraulische Verbindung nicht vorhanden ist; das Flußwasser sickert vielmehr durch die Poren des Untergrundes hindurch und gelangt in Form von   Hydrologische Verhältnisse.

einzelnen Adern in das Grundwasser. Infolge der teilweise sehr grob-
körnigen Beschaffenheit des Kieses vollzieht sich diese Infiltration
ziemlich schnell, weshalb die obersten Schichten des Grundwassers
eine deutliche Erwärmung zeigen. Während der Winterzeit findet
wahrscheinlich umgekehrt eine Abkühlung des Grundwassers durch
das kalte Flußwasser statt.

In welchem Grade diese Infiltration auf die Ergiebigkeit des Grundwasserstromes einwirkt, ist ohne sehr zeitraubende Beobachtungen
schwer zu bestimmen. Vermutlich schwankt die Infiltrationsmenge
mit der Beschaffenheit der Flußsohle, welche durch oft wiederholte
Baggerungen verändert wird.

In der Nähe dieses Rohrbrunnens wurde ein Plankenbrunnen
(Schacht aus Bohlen) angelegt, an welchem 16 Tage hindurch Pumpversuche angestellt wurden. Der Wasserspiegel im Brunnen senkte
sich 2,7 m und der Brunnen lieferte nach wenigen Tagen eine konstante Wassermenge von 30 l/sk. In einem Bohrloch, 10 m vom
Brunnen, sank der Wasserspiegel um 0,1 m, 20 m vom Brunnen entfernt war der Wasserstand unverändert. Nimmt man an, daß die Absenkungsgrenze 15 m an jeder Seite des Brunnens lag, so würden
30 l/sk eine Strombreite von 30 m in Anspruch nehmen und die Ergiebigkeit des Stromes würde also 1 l/sk pro 1 m Strombreite oder
zusammen mindestens 200 l/sk betragen.

Ein neuer Pumpversuch wurde an einem Plankenbrunnen einige
Meter vom Testeboån entfernt vorgenommen. Der Zweck dieser Nach-
barschaft war, die Infiltration des Flußwassers zu untersuchen.

Während des Pumpens, wobei der Wasserspiegel im Brunnen
um 1,5 m fiel, drang das Wasser in kräftigen Strahlen durch die zwischen
den Planken befindlichen Spalten herein. Hierbei konnte man die
Unterschiede zwischen den anscheinend von dem Flusse kommenden
und den unzweifelhaft aus Grundwasser bestehenden Zuflüssen beobachten. Am ersten Tage wurde die Temperatur des von der Flußseite
einströmenden Wassers auf $+ 14^0$ gemessen, während das Flußwasser
$+ 15,5^0$ zeigte; dagegen besaß der Zufluß von der Westseite des Brunnens nur eine Temperatur von 7^0. Bei meinem Besuche an Ort und
Stelle am 1. September, wobei das Pumpen bis auf 70 l/sk mit einer
Depression im Brunnen von 1,7 m gesteigert wurde, betrug die Temperatur in den vier Ecken des Brunnens an der Flußseite bzw. 9^0 und
$10,5^0$, an der entgegengesetzten Seite 7^0.

Dieses Resultat beweist deutlich, daß die Infiltration von dem
Flusse bereits abgenommen hatte, und berechtigt zu dem Schlusse,

daß nach längerem ununterbrochenen Pumpen die Flußsohle allmählich so dicht werden muß, d a ß   n i c h t   e i n   T r o p f e n   F l u ß -
w a s s e r   m e h r   i n   d e n   B r u n n e n   w ü r d e   e i n d r i n g e n
k ö n n e n .

Das Resultat stimmt im übrigen vortrefflich mit der Erfahrung
von zahlreichen Städten überein, welche ihre Wasserwerksanlagen
auf die sogen. natürliche Filtration gegründet haben. Nur in sehr sel-
tenen Fällen hat das Wasser eines Flusses während eines längeren Zeit-
raumes durch am Ufer entlang erbohrte Brunnen nutzbar gemacht
werden können; in der Regel sind die Poren des Flußbettes durch den
aus dem Wasser ausfiltrierten Schlamm vollständig verstopft worden,
worauf die Brunnen ausschließlich Grundwasser geliefert haben.

Hiergegen läßt sich möglicherweise einwenden, daß, da das schmut-
zige Wasser des Gafleån nachweisbar in den Osen eindringt, das gleiche
auch bei Lexvall befürchtet werden kann, wodurch der Vorteil der
Verlegung des Wasserwerkes nach dem letztgenannten Punkt ziemlich
zweifelhaft werden würde. Der erstgenannte Wasserlauf fließt indessen
mit bedeutender Geschwindigkeit und hält dadurch seine Sohle mehr
von Ablagerungen frei. Der Testeboån dagegen steht in unmittelbarer Verbindung mit dem Meere und fließt im allgemeinen sehr langsam, weshalb sein Bett sich schwerlich auf die Dauer rein erhalten
kann. Der Umstand, daß das Grundwasser unbehindert durch die
Flußsohle gelangt, ist nicht als Beweis dafür zu betrachten, daß diese
auch das Flußwasser in entgegengesetzter Richtung hindurchlassen
kann. Das Grundwasser ist absolut rein und seine Ausströmungsge-
schwindigkeit ist genügend groß, um die auf der Flußsohle liegenden
Schlammpartikel zu heben und fortzuführen. Sobald jedoch die Richtung des Stromes wechselt, d. h. von dem Flusse durch den Kiesboden
hindurchgeht, wirkt dieser wie ein gewöhnliches Filter und teilt das
unvermeidliche Schicksal solcher, daß er nach einer gewissen Zeit seine
Wirkung verliert, sofern es nicht auf mechanischem Wege gereinigt wird.

Infolgedessen war es klar, daß auch ein in der Nähe des Testeboån
angelegter Brunnen nach verhältnismäßig kurzer Zeit nur noch Grundwasser liefern würde und nicht, wie möglicherweise zu befürchten war,
filtriertes Wasser vom Testeboån.

Im übrigen sei hier erwähnt, daß, solange der Bedarf der Stadt
hinter der Ergiebigkeit des Grundwasserstroms zurückbleibt, der Fluß
auch nach der Anlage des Wasserwerkes Grundwasser aufnehmen wird,
natürlicherweise in geringerer Menge als vorher. Wenn der oder die
Brunnen so weit vom Ufer entfernt liegen, daß die Depression sich

nicht bis zum Fluß erstreckt, so muß der unterhalb der Depressionsgrenze belegene Grundwasserstrom nach wie vor, obwohl mit ver-
minderter Geschwindigkeit, nach dem Flusse zu sich bewegen und
durch dessen Sohle hindurch emporsteigen.

Nach der am Gafleån ausgeführten Untersuchung war ja ohne
weiteres klar, daß die Wassermenge auch bei Lexvall die für die Stadt
erforderliche übersteigen würde.

Die Pumpversuche ergaben folgendes Resultat:

Bei einem neuntägigen ununterbrochenen Pumpversuch fiel der
Wasserspiegel im Brunnen um 1,5 m bei einer Fördermenge von 45 l/sk
20 m vom Brunnen entfernt hielt sich der Wasserspiegel völlig unverändert. Nach Beendigung des Pumpens stieg der Grundwasserspiegel
innerhalb weniger Minuten wieder auf seine frühere Höhe.

Jedoch darf hierbei nicht vergessen werden, daß der Brunnen
noch nicht ausschließlich Grundwasser lieferte, sondern noch immer
einen Teil Flußwasser aufnahm. Mit Hilfe von Temperaturbestim-
mungen kann die Zusammensetzung des Brunnenwassers in folgender
Weise berechnet werden.

Die Temperatur des Flusses wurde während des Pumpens am
letzten Tage zu 14,5° festgestellt. Während des ersten Beobachtungs-
tages, als das Flußwasser noch fast ohne Widerstand in den Brunnen
eindringen konnte, sank die Temperatur desselben während dieses
Infiltrationsprozesses um 1,5°. Nimmt man an, daß die gleiche Abkühlung auch ferner stattfand, so würde das Flußwasser am letzten
Tage mit einer Temperatur von 14,5 bis 1,5 = 13° beim Brunnen an-
kommen. Das Grundwasser zeigte andauernd 7° und das aus dem
Brunnen geförderte Wasser 8,5°, folglich ist, wenn die Menge des Grundwassers mit x bezeichnet wird,

$$7\,x + 13\,(45 - x) = 45 \cdot 8,5,$$

woraus man erhält

$$x = 35 \text{ l/sk},$$

was, sofern die wirksame Strombreite zu 35 m angenommen wird,
auch hier 1 l/sk pro m der Strombreite oder zusammen etwa 200 l/sk
entspricht.

In quantitativer Hinsicht läßt dieses Resultat nichts zu wünschen
übrig. Der Wasservorrat muß auch für die erhöhten Bedürfnisse
späterer Zeiten als völlig genügend angesehen werden.

Sollten jedoch durch in diesem Augenblick nicht vorherzusehende
Umstände die Verhältnisse sich derart ändern, daß die n a t ü r l i c h e
Ergiebigkeit des Sätra-Osen an Wasser ungenügend wird, so besitzt

man ein wirksames Mittel, dieselbe k ü n s t l i c h zu erhöhen. Ich habe hierbei die große Sandgrube (*S* auf Taf. 10) im Auge, welche beim Gafleån in dem Bergrücken ausgeschachtet ist. Ihre Sohle kann mit geringen Kosten auf ein Niveau gebracht werden, welches einige Meter ü b e r d e m G r u n d w a s s e r , zugleich aber n i e d r i g e r a l s d e r W a s s e r s p i e g e l d e s G a f l e å n liegt. Läßt man in diesen Schacht Wasser vom Gafleån einströmen, so erhält man ein vortreffliches F i l t e r , dessen Ergiebigkeit kaum hinter dem gesamten Wasser- bedarf der Stadt zurückbleiben dürfte, und da außerdem dieses Filter mehr als 1 km von dem vorgeschlagenen Brunnenkomplex bei Lexvall entfernt ist, so versteht sich von selbst, daß das Wasser auf diesem Wege Zeit hat, vollständig von allen Verunreinigungen befreit zu werden und dieselbe gleichmäßige Temperatur und alle sonstigen vortrefflichen Eigenschaften zu erhalten, welche das auf natür- lichem Wege infiltrierte Grundwasser des Sätra-Osen charakterisieren.

Die definitive Anlage bestand aus einem Pumpbrunnen *B* von 3 m Durchm. mit durchlässiger Sohle (Taf. 10), etwa 5 m vom Flusse entfernt, nebst einigen Rohrbrunnen. Beim Pumpen von 110 l/sk wurde der Wasserspiegel in dem Pumpbrunnen um höchstens 2 m ge- senkt. Die Temperatur des Wassers, $+ 7^{\circ}$ C, und seine sonstigen vortrefflichen Eigenschaften haben sich nicht verändert.

Die oben beschriebenen Anlagen sind typische Beispiele der ver- schiedenen Verhältnisse, unter denen die schwedischen Städe mit Grundwasser versehen werden. Der Verfasser hat für 33 schwedische Städte hydrologische Untersuchungen ausgeführt; 26 derselben sind mit Grundwasser versehen worden.

Örebro, Borås, Halmstad, Västerås, Söderhamn, Falun, Söder- tälje, Luleå, Sala, Lidköping, Hudiksvall und Karlshamn erhalten Wasser aus O s e n oder osenartigen E n d m o r ä n e n .

In Helsingborg, Oskarshamn, Hjo, Ulricehamn, Linköping, Falken- berg und Ängelholm bestehen die wasserführenden Schichten aus p o s t - g l a z i a l e m S a n d , in Skara, Kalmar, Alingsås, Landskrona, Väster- vik, Vimmerby aus s p ä t g l a z i a l e m S a n d , in Lund, Trelleborg und Ystad aus a u f K a l k g e s t e i n l a g e r n d e m s p ä t g l a - z i a l e m S a n d . In Visby, der einzigen Stadt, wo Grundwasser aus- schließlich im Kalkgestein vorkommt, sind die Untersuchungen noch nicht abgeschlossen.

In Luleå und Karlshamn wird der Grundwasserzufluß durch »natürliche Filtration« erhöht, in Sala und Falun sind Versickerungsbecken in Tätigkeit. In Örebro, Borås, Västerås, Karlshamn, Helsingborg, Oskarshamn und Linköping werden wahrscheinlich in nicht zu ferner Zukunft solche Becken erforderlich.

Trotz der ungünstigen hydrologischen Verhältnisse, welche im allgemeinen auf der skandinavischen Halbinsel herrschen, ist es also gelungen, die Mehrzahl der größeren und mittleren Städte Schwedens mit Grundwasser zu versehen. Daß dies möglich war, hat seinen Grund natürlich in erster Linie in der relativ geringen Bevölkerungsziffer der Städte, teilweise aber auch darin, daß die Not, die »Mutter der Erfindung«, dazu geführt hat, von der vorstehend beschriebenen Methode, die Ergiebigkeit der Grundwasserströme durch künstliche Infiltration zu erhöhen, den weitestgehenden Gebrauch zu machen.

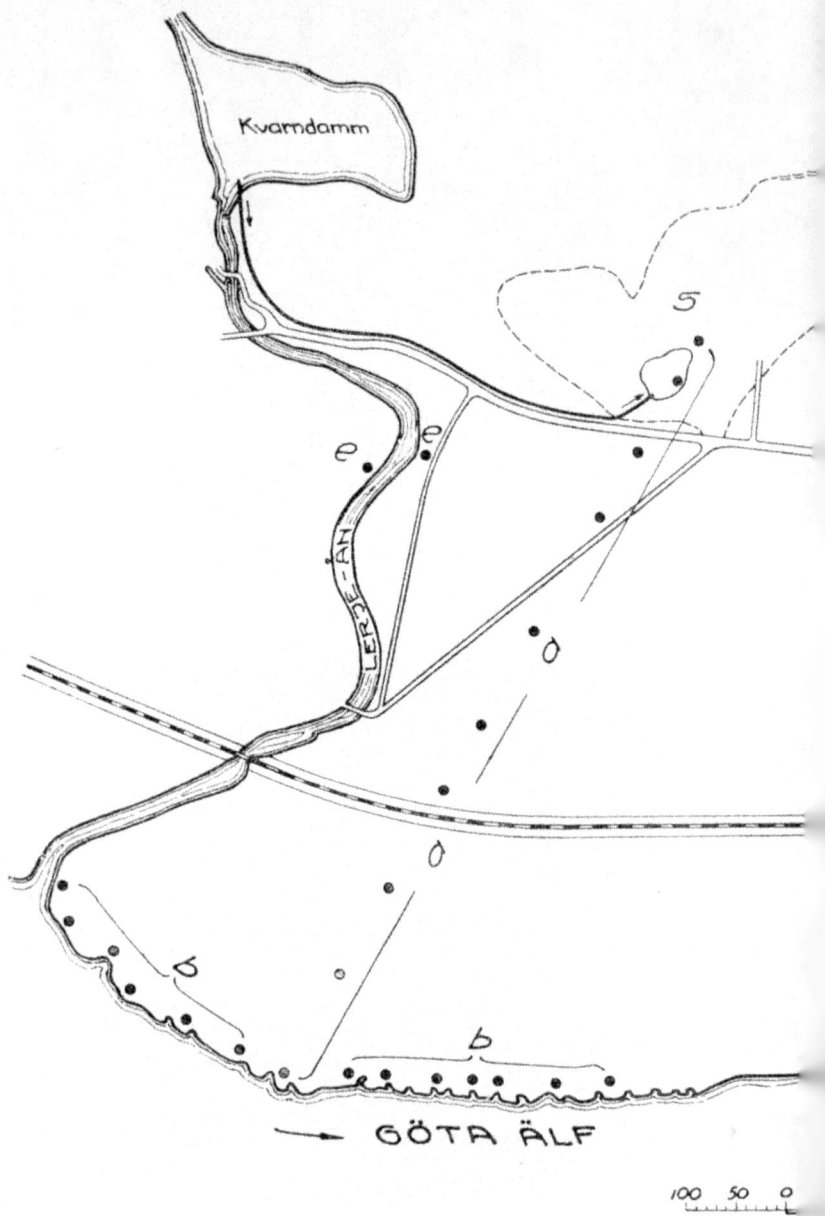

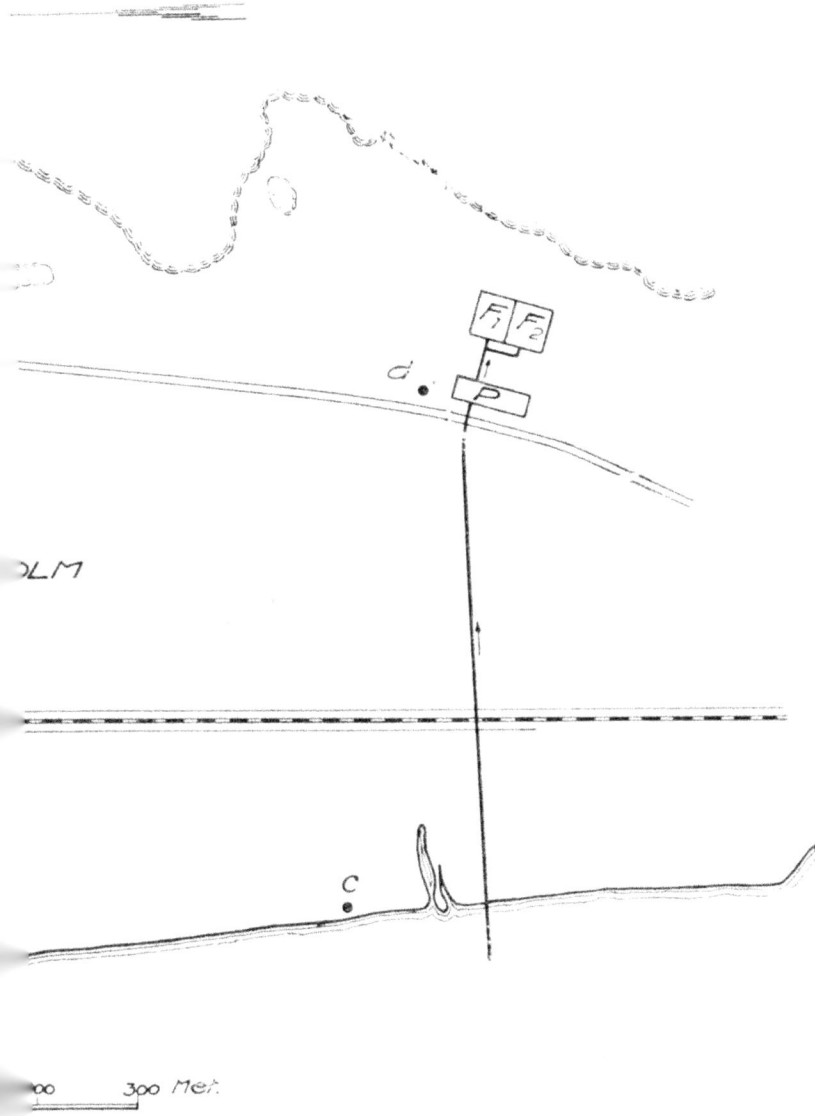

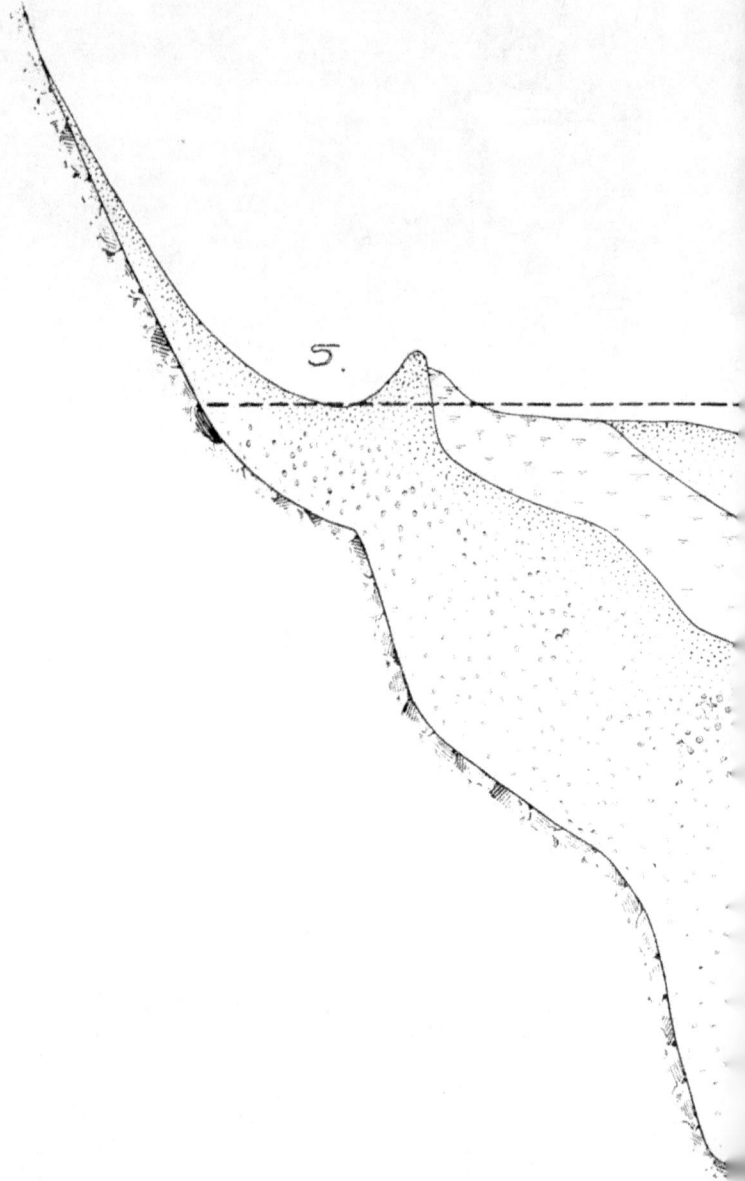

5.

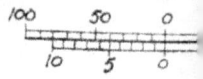

ıe des Grundwassers am 28. November 1895

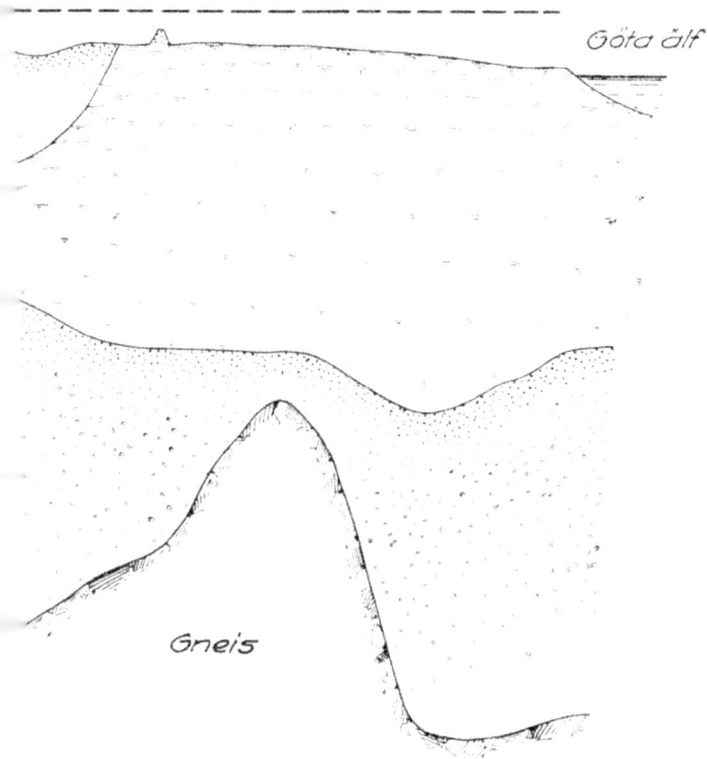

Göta älf

Gneis

200 *m Höhe*

20 m Länge

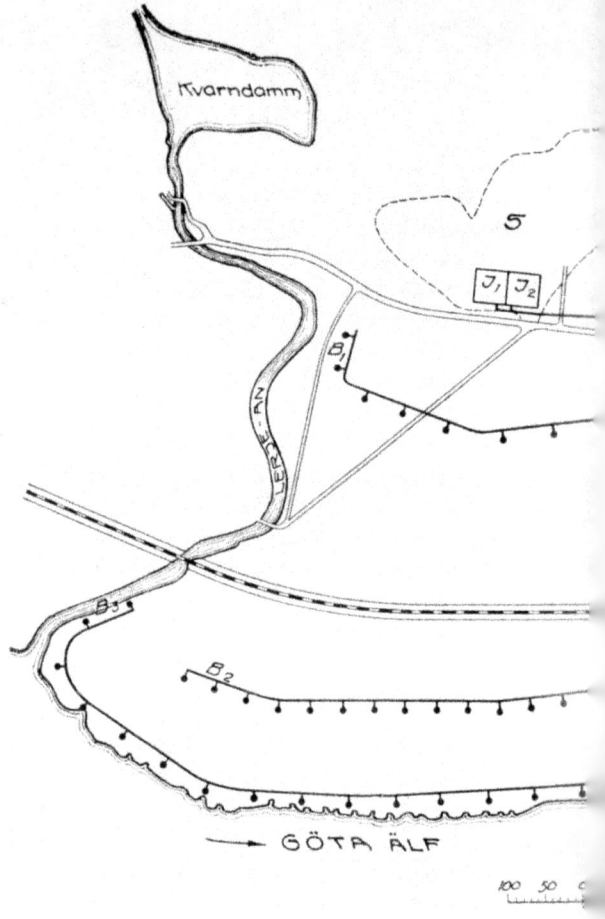

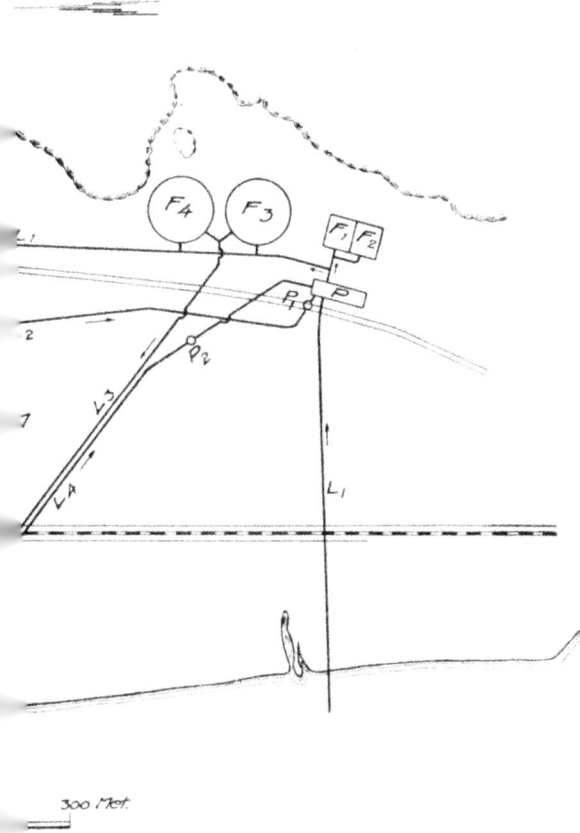

Tafel 3.

300 Met.

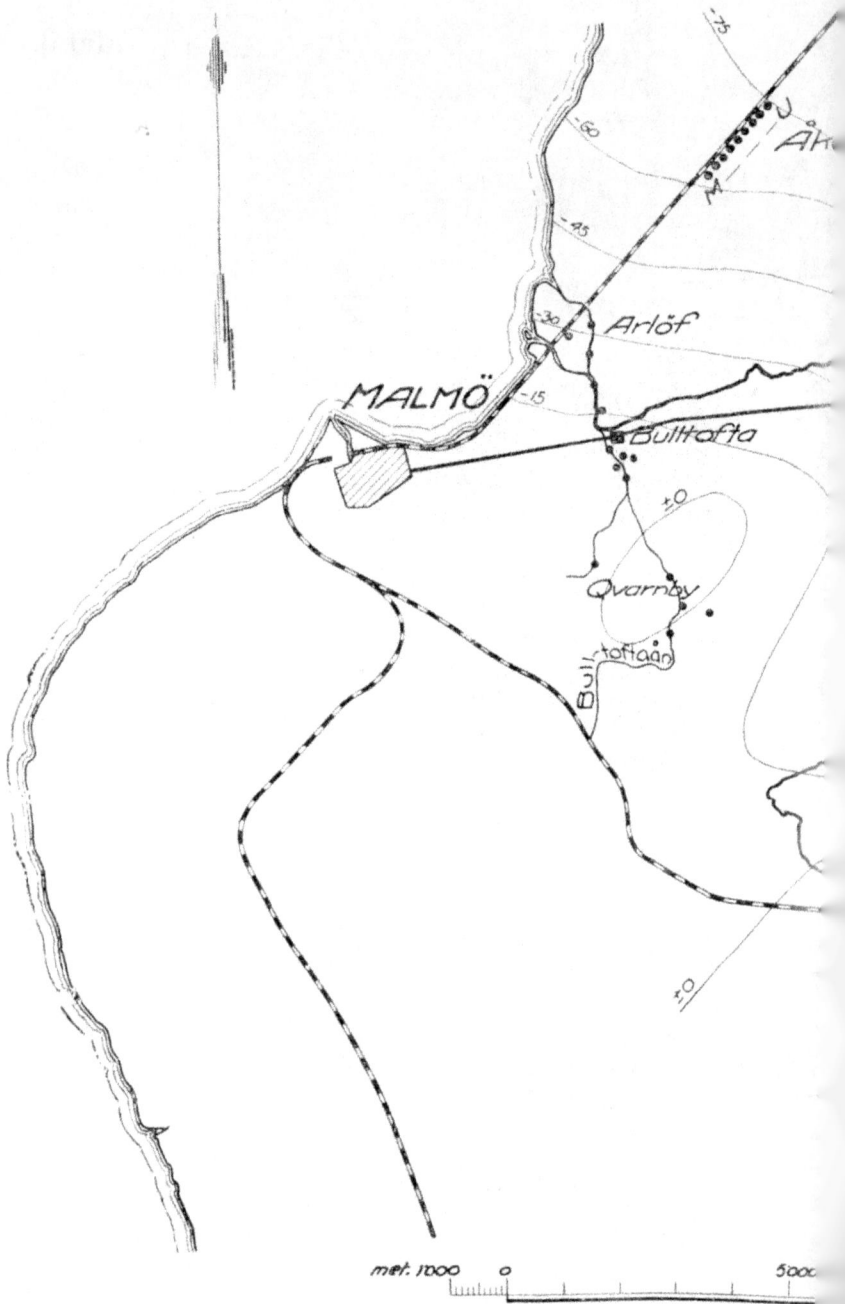

MALMÖ

Arlöf

Bulltofta

Qvarnby

Bulltoftaån

-75

-60

-45

-30

-15

±0

±0

Åk

met. 1000   0   5000

Tafel 4.

Törreberga - ån

yd
dingen

Fjellrå...

10·000 meter

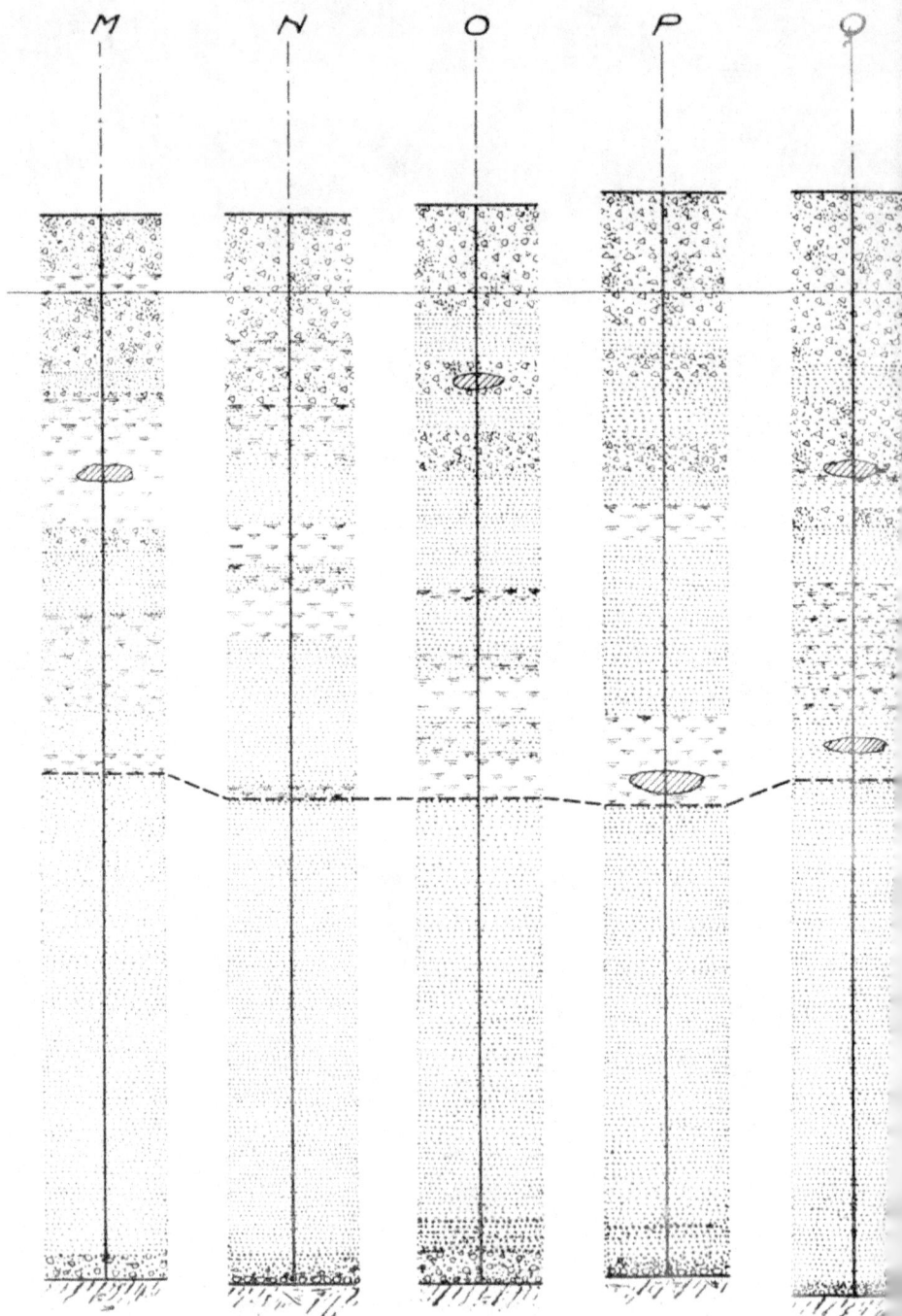

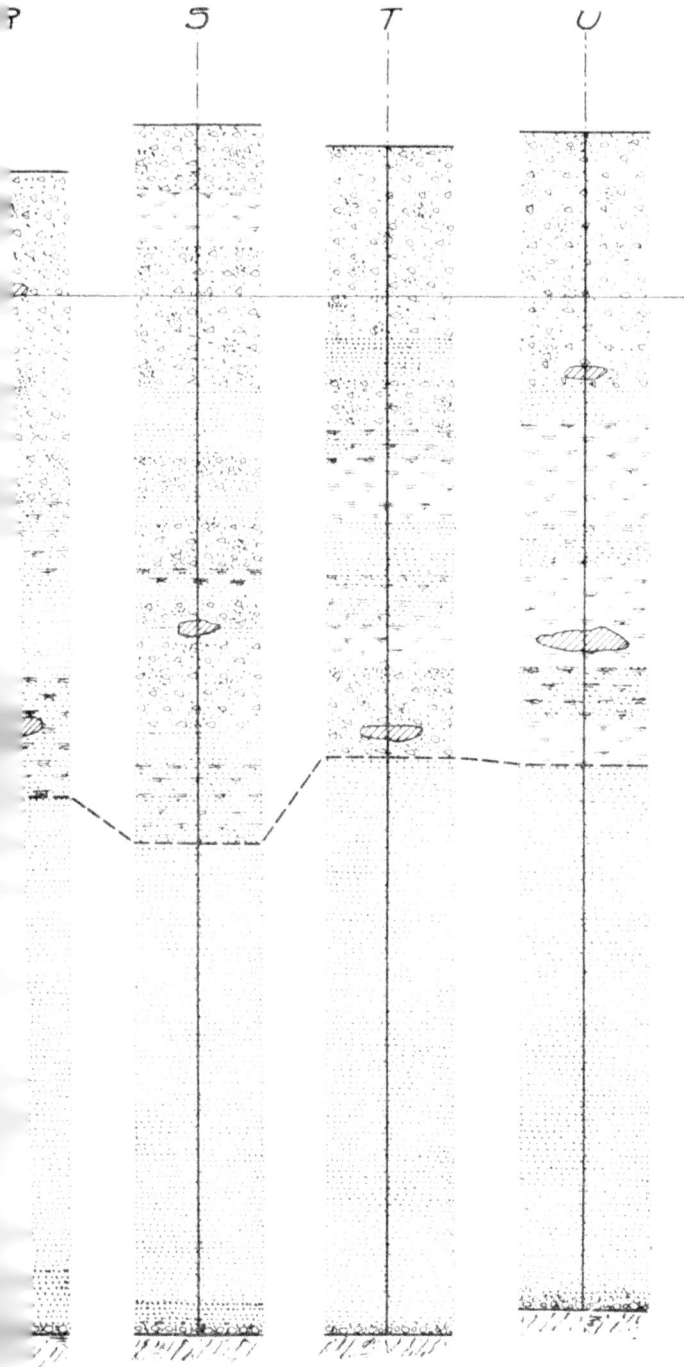

P   S   T   U

Moräne.

Ton.

Tonhaltiger Sand.

Sand.

Kies.

Größerer Stein.

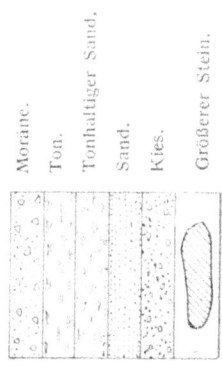

Bulltofta   Arlöf

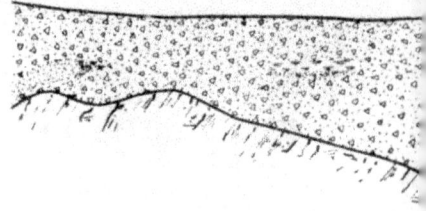

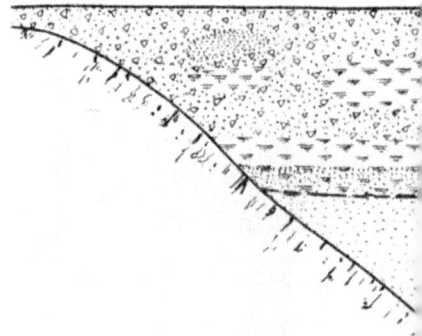

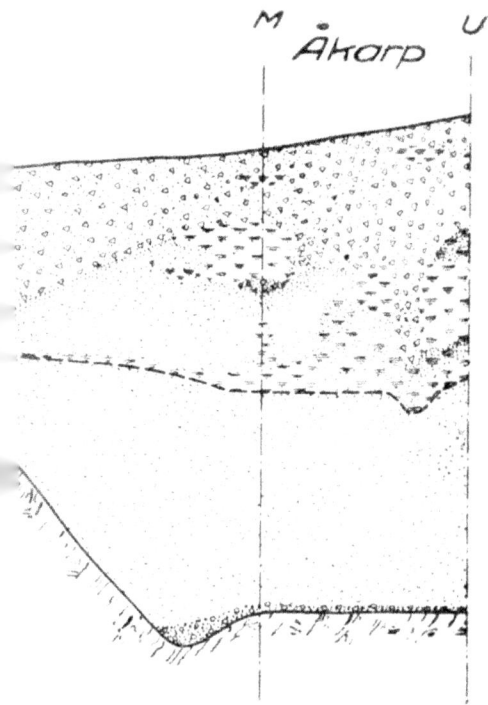

Åkarp

(Tafel 4.)

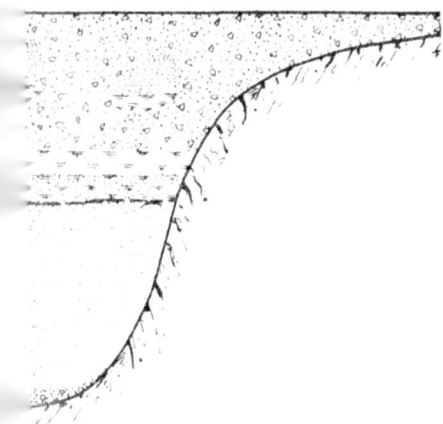

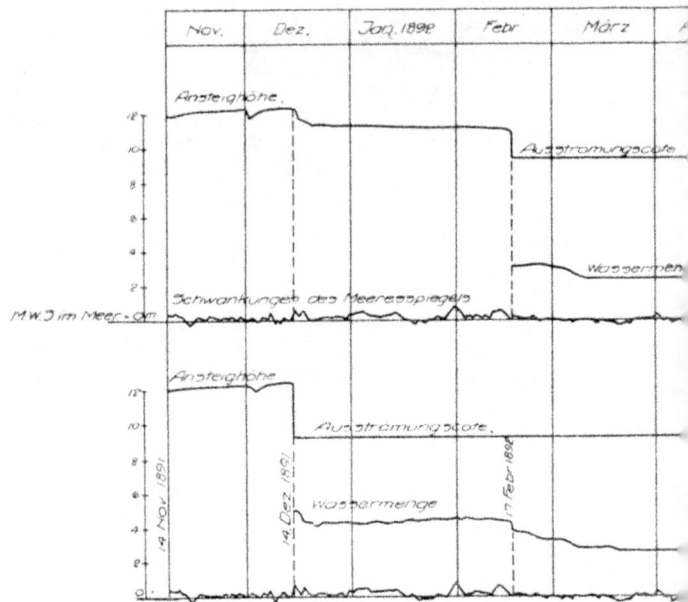

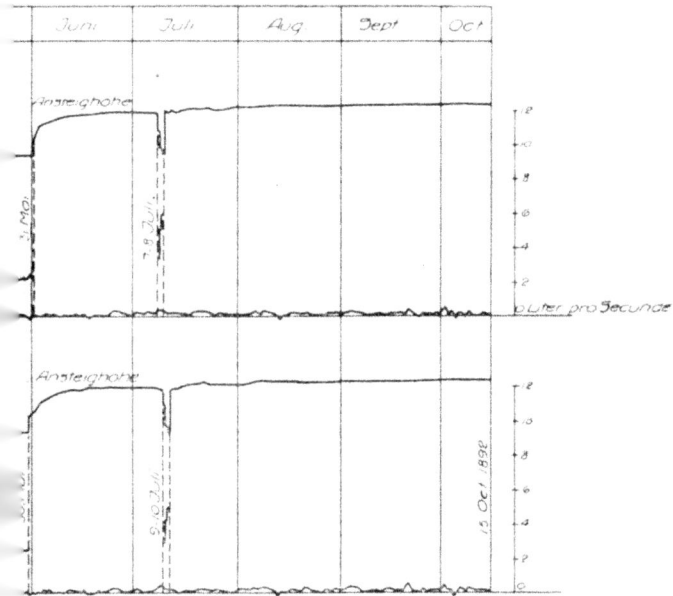

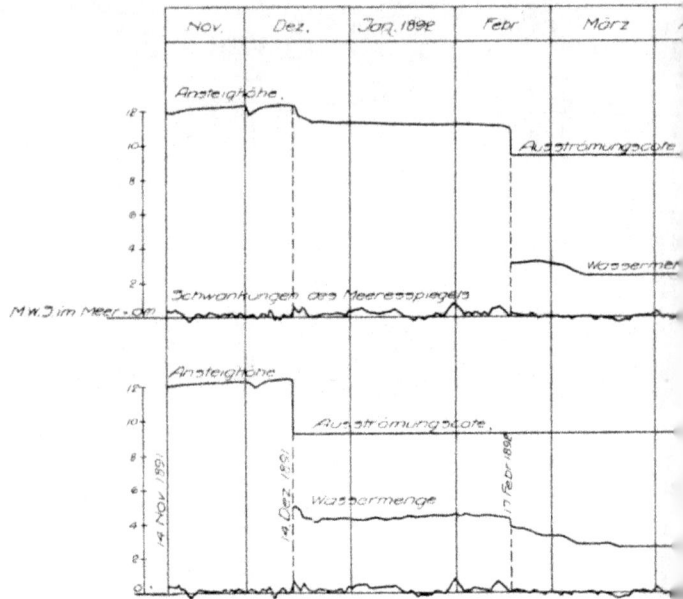

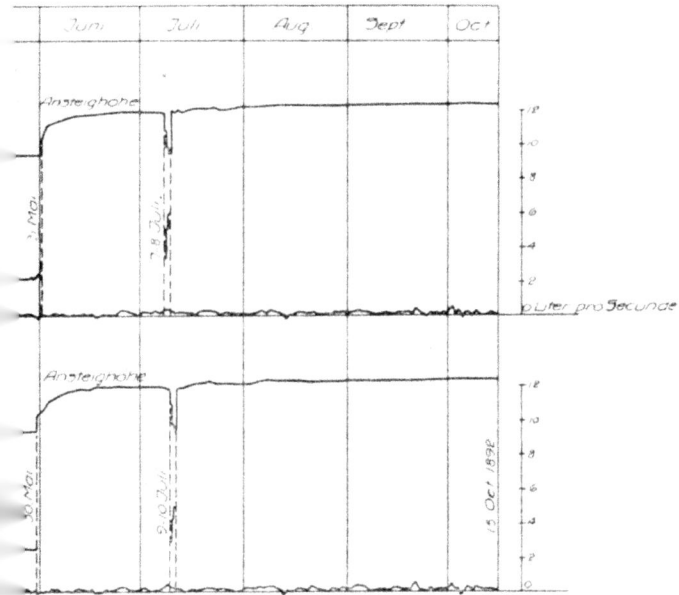

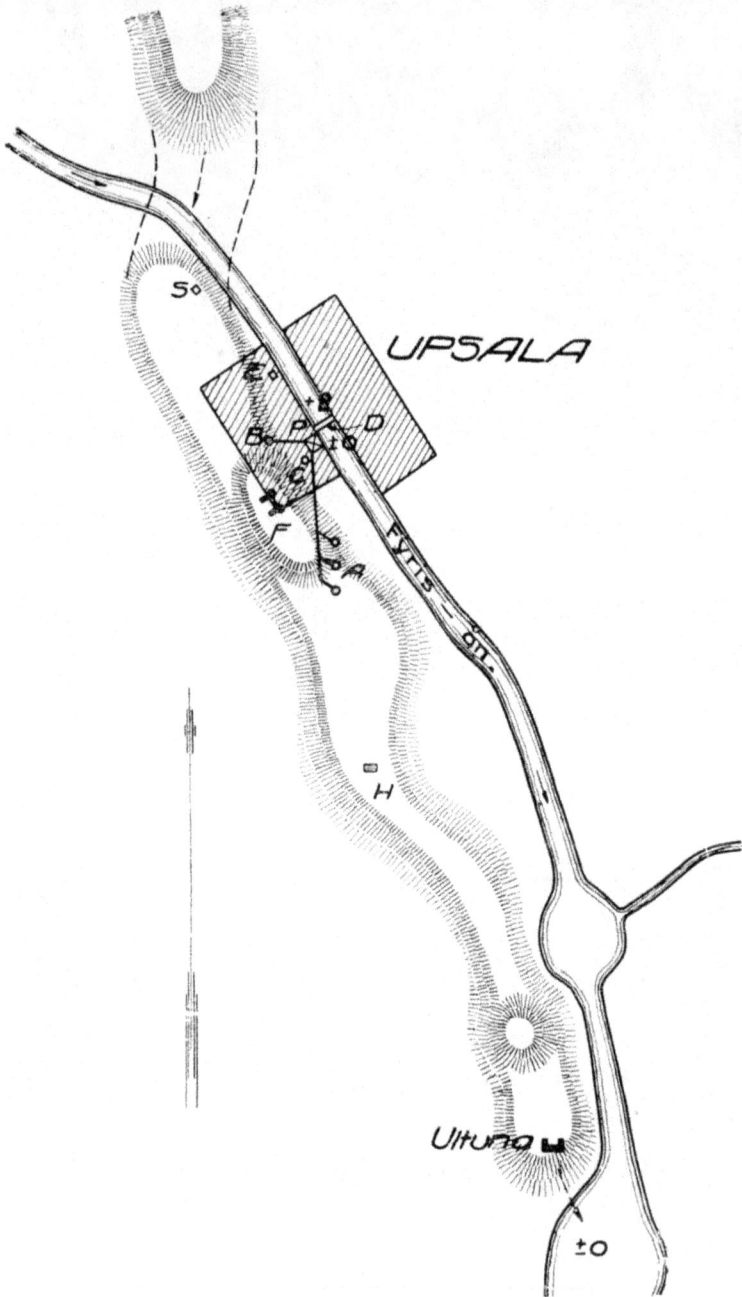

UPSALA

Ultuna

Fyris — ån.

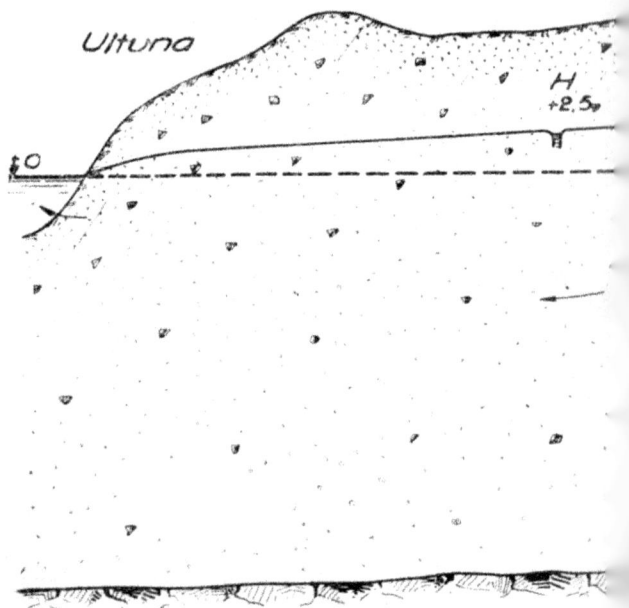

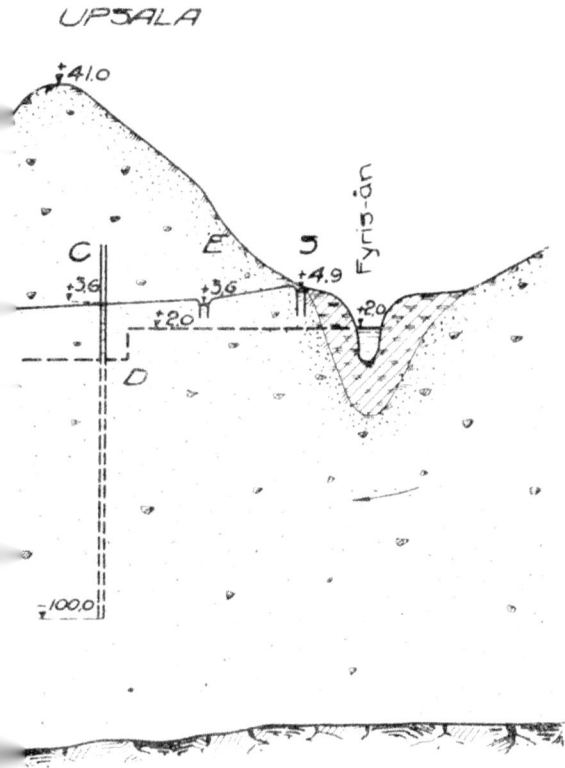

UPSALA

+41,0

C

+36

+20

D

E

+36

S

+4,9

Fyris-än

+20

-100,0

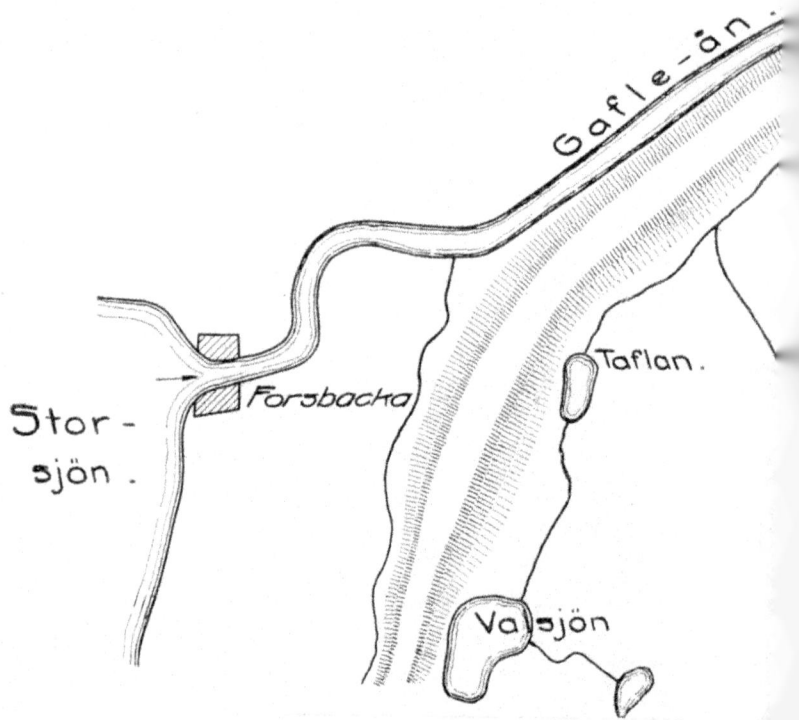

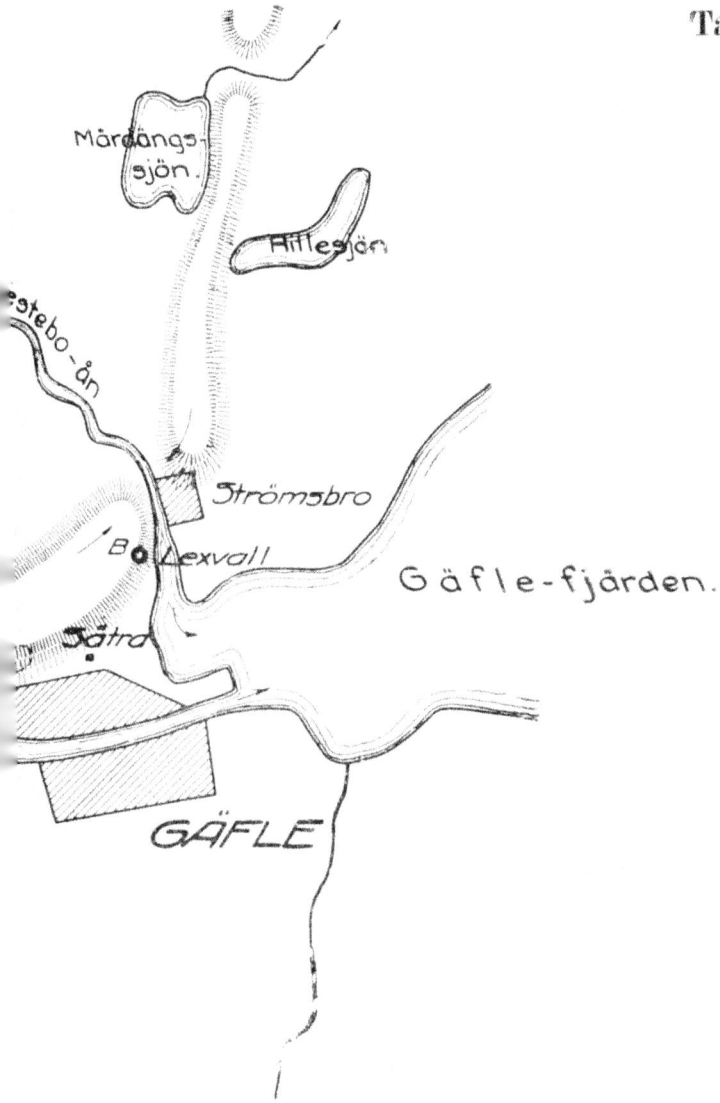

Mårdångs-sjön.

Hillesjön

estebo-ån

Strömsbro

B Lexvall

Sätra

Gäfle-fjärden.

GÄFLE

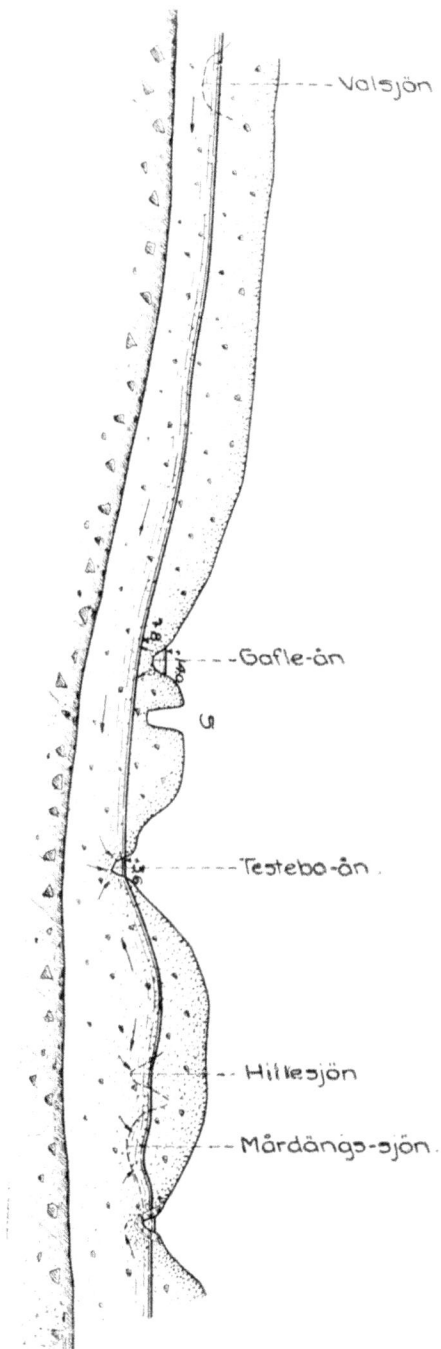

- - - Valsjön

- - Gafle-ån

- - - Testebo-ån

- - Hillesjön

- - Mårdängs-sjön